职业院校专业课程改革系列教材

印染打样实训

陆水峰　王国栋　主编

YINRAN DAYANG SHIXUN

浙江工商大学出版社
ZHEJIANG GONGSHANG UNIVERSITY PRESS
·杭州·

图书在版编目(CIP)数据

印染打样实训 / 陆水峰,王国栋主编. —杭州:浙江工商大学出版社,2020.2

ISBN 978-7-5178-3663-6

Ⅰ. ①印… Ⅱ. ①陆… ②王… Ⅲ. ①染色(纺织品)—打样—技术培训—教材 Ⅳ. ①TS193

中国版本图书馆 CIP 数据核字(2020)第014015号

印染打样实训
YINRAN DAYANG SHIXUN
陆水峰　王国栋　主编

责任编辑	厉　勇	
封面设计	雪　青	
责任印制	包建辉	
出版发行	浙江工商大学出版社	
	（杭州市教工路198号　邮政编码310012）	
	（E-mail:zjgsupress@163.com）	
	（网址:http://www.zjgsupress.com）	
	电话:0571-81902043,89991806(传真)	
排　　版	杭州朝曦图文设计有限公司	
印　　刷	杭州高腾印务有限公司	
开　　本	787mm×1092mm　1/16	
印　　张	10	
字　　数	202千	
版 印 次	2020年2月第1版　2020年2月第1次印刷	
书　　号	ISBN 978-7-5178-3663-6	
定　　价	50.00元	

前　言

印染打样实训是染整技术专业的核心课程，是学生在掌握基本的纤维材料和染化料助剂后，对印染操作技能的进一步深入学习与研究，目的是让学生熟练掌握染色和印花操作技能。本教材既可作为中等职业学校染整技术专业的教学用书，也可作为纺织、印染等行业技术人员学习和借鉴的参考书。

本教材的编写，根据职业教育发展大纲要求，结合学校教学实训的经验，通过"实践导向、项目引领、任务驱动"的专业教学法，对编写大纲和培养目标做了合理的设计，其项目设置主要涵盖印染基础、染色、印花三大内容。其中：模块一由柯桥区职业教育中心王国栋编写；模块二的项目一、二、四由柯桥区职业教育中心陆水峰编写，项目三由柯桥区职业教育中心陈亚娟编写；模块三由柯桥区职业教育中心王银豪编写。全书由陆水峰主编和统稿。

本教材的编写得到了绍兴市柯桥区职业教育中心全体领导的支持和印染教研组全体教师的悉心指导，在此一并表示由衷的感谢。

由于编者水平所限，加上印染行业发展日新月异，书中难免有疏漏和不足，届时恳请同行和读者批评指正。

编　者

2019年4月

目　录

模块一　印染基础

项目一　走进印染打样

❈ 任务 1　玻璃仪器识别与操作

❈ 任务 2　印染打样设备识别与操作

❈ 任务 3　移液管吸料操作

❈ 任务 4　手工化料

情景聚焦

印染打样室主要是工厂为客户提供准确、快捷的小样,作为与客户沟通内容及印染部生产的颜色标准,为接单做准备,并为之后大生产提供配方。打样是一项对操作准确性有着较高要求的技术性工作,其准确度除了与材料(包括布、染料、助剂)及打样水质、温度等因素有关外,还与打样员的操作方法有着极大的关系。所以我们必须认真对待打样工作,严格按照要求把每一个细节做好。

标准化印染打样室如图1-1所示,印染打样室打样工作主要包括:

1. 打样准备工作,包括备料、备布、准备打样工具;

2. 打样具体操作,包括吸料、加染色助剂、水、落缸、染色后处理;

3. 对色资料的准备工作。

图1-1 标准化印染打样室

我们的目标:

熟悉印染打样室的基本工作环节;

熟悉印染打样室的玻璃仪器和印染设备的操作流程;

熟悉移液管吸料操作和手工化料。

着手的任务:

准确地完成印染打样的准备工作;

准确完成对各种仪器的操作;

学会移液管吸料和手工化料操作。

任务1 玻璃仪器识别与操作

玻璃仪器是印染打样中最常用的工具之一,它透明度高,具有一定的机械强度和稳定的化学性能,同时也易碎。因此,正确掌握各种玻璃仪器的操作方法和基本性能,是学好印染打样的必要条件。

按制造的材料来分,可以将玻璃仪器分为硬质玻璃仪器和软质玻璃仪器两大类。硬质玻璃仪器是由高硼硅玻璃制造,具有良好的耐腐蚀和耐高温的性能。测试中用到的试管、锥形瓶和烧杯都是由高硼硅玻璃制造的,这些玻璃仪器一般可以放在明火上直接加热。软质玻璃仪器是由普通的玻璃制造的,它的耐腐蚀性、耐高温性以及硬度一般都不及硬质玻璃仪器,但透明度比硬质玻璃仪器要好。软质玻璃一般用于制造量筒、试剂瓶、移液管等。这些仪器是不能放在明火上加热的,当然它们也不需要加热。

一、烧杯

烧杯按制作材料分为玻璃烧杯和塑料烧杯。玻璃烧杯又可以分为高型烧杯和普通型烧杯。有些烧杯带有刻度,而有些烧杯不带刻度。其规格按容积大小,分为1mL、5mL、10mL、50mL、100mL、150mL、250mL、500mL、1000mL、2000mL等,其中1mL、5mL、10mL属微型烧杯。这里提醒一下:尽管有些烧杯带有刻度,但这都是近似值,因此烧杯绝不能代替量筒来量取液体。烧杯主要用来溶解样品,如待测的染料或助剂;直接放在明火上加热;也可以在染色中放小样(如活性染料浸染棉织物)。塑料烧杯一般应用于印花小样中的调浆这一步骤。玻璃烧杯一般可在水浴、油浴、明火等情况下直接加热。为了使加热均匀,可以在烧杯下垫一张石棉网。同时加热完毕后,烧杯不能直接放在桌子上,底部应该垫以石棉网,当然也不能直接用自来水冷却,这样会使烧杯寿命缩短。再者,烧杯加热时,烧杯内的液体不能超过烧杯总体积的2/3。普通的带刻度的玻璃烧杯如图1-2所示。

图1-2 烧杯

二、量筒

常用的量筒是由软质玻璃制造而成。有些量筒有具塞,有些无塞。按容积的规格大小可分为5mL、10mL、20mL、25mL、100mL、200mL、500mL、1000mL、2000mL。量筒常用于量取一定体积的液体,但量取的精确度不高。在配制浓度要求不高的溶液时,可用量筒进行量取。量筒不能加热,不能量取热的液体,更不能做反应的容器(如溶解、稀释等)。读数时,应先将量筒竖直或垂直,眼睛要平视,视线要与量筒内液体凹液面的最低点相平。在使用量筒时,应选用合适的规格,来减少误差。如要量取500ml水时,应用500ml的量筒进行量取,而不是用100ml的量筒量取5次。当然在量取小体积液体时,也不应该用大的量筒来量取。常用的量筒如图1-3所示。

图1-3 量筒

三、试剂瓶

常用的试剂瓶有细口瓶和广口瓶之分。细口瓶，又叫小口瓶，如图1-4所示，一般用于存放液体样品，如染色打样用的母液，在小口瓶中液体不易挥发。广口瓶，又叫大口瓶，如图1-5所示，一般用于存放固体样品，如染料粉末，在大口瓶中易于取用。

图1-4　细口瓶

图1-5　广口瓶

按颜色分，试剂瓶有无色和棕色两种，棕色试剂瓶用于存放见光易分解的样品，如硝酸银、光敏性染料、高锰酸钾等。有些试剂瓶有磨口塞，有些是无塞。磨口试剂瓶在存放碱液时，不能使用玻璃塞，应改用橡胶塞。因为碱会与玻璃发生化学反应，如用玻璃塞，塞子时间长了不易打开。新的试剂瓶一般需在瓶塞与瓶子之间放一张纸，以防止开取困难。按容量分，有100mL、250mL、500mL、1000mL等。试剂瓶不能直接加热，瓶塞不能弄脏、弄乱。每个试剂瓶一旦存放了样品，都必须贴有标签，标明内放试剂的名称、浓度、日期等。

四、容量瓶

常用的容量瓶有无色和棕色之分，棕色容量瓶用于配制需要避光的溶液，如硝酸银（$AgNO_3$）溶液。无色的容量瓶则用于配制一些不需要避光的溶液，如碳酸钠（$NaCO_3$）溶液。容量瓶按容量大小分，有50mL、100mL、250mL、500mL、1000mL等。容量瓶主要用来准确配制标准溶液或待测溶液，不能受热，不能在里面溶解固体，不能长期储存溶液，尤其是碱性溶液，因为碱性溶液会腐蚀瓶塞，使瓶塞无法打开。瓶塞与瓶体是配套的，不能互换。为防止张冠李戴，可用橡皮筋或线把瓶塞系在容量瓶的瓶颈上。瓶体上一般标有20℃的字样，表示温度为20℃时，溶液液面到刻度线的体积为容量瓶的容积，如图1-6所示。

图1-6 容量瓶

五、锥形瓶

常用的锥形瓶,又叫三角烧瓶,常用于加热液体样品和滴定分析。按容积来分,有150mL、250mL、500mL等。作为反应的容器,锥形瓶振荡方便,常用于滴定操作。盛液体不能太多,不超过锥形瓶容积的2/3为宜,加热时应放置在石棉网上。由于瓶体为斜壁,在加热或振荡时,锥形瓶可减少溶液的蒸发,也可防止溶液溅出。常见的锥形瓶如图1-7所示。除此之外,还有加塞的锥形瓶以及碘量瓶。

图1-7 锥形瓶

六、移液管

移液管又叫吸管,常用于精确移取一定体积的液体。刻度管可移取一定范围内任何体积的液体。在相同的体积下,胖肚管更精准。常用移液管(刻度管)按容积来分,有0.1mL、1mL、2mL、5mL、10mL、50mL等,如图1-8所示。

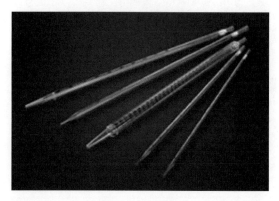

图1-8　移液管

七、试管

试管常用于在常温或加热条件下做少量试剂的反应容器,便于操作和观察。如试管内装液体,则液体体积不能超过试管容积的1/2,加热时不能超过容积的1/3,以防止振荡或受热时液体溅出。加热液体时,要用试管夹夹住。管口不要对着人,并将试管倾斜与桌面成45度角。而加热固体时,管口应略向下倾斜,以避免管口冷凝水回流导致试管破裂。试管也可用于收集少量气体。常见试管如图1-9所示。

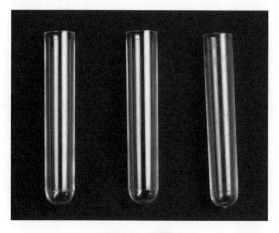

图1-9　试管

课后思考题

一、单选题

1. 下列玻璃仪器,其中(　　)不能直接用火加热。

A. 量筒　　　　　　B. 烧瓶　　　　　　C. 烧杯　　　　　　D. 锥形瓶

2. 用10mL移液管移取液体时,读数应保留(　　)小数。

A. 1位　　　　　　B. 2位　　　　　　C. 3位　　　　　　D. 4位

二、填空题

1. 做染整测试实验时,常用的玻璃仪器有＿＿＿＿＿＿、＿＿＿＿＿＿、＿＿＿＿＿＿、
＿＿＿＿＿＿和＿＿＿＿＿＿。(任写5种玻璃仪器)

2. 配制2g/L的溶液,必须要用到的玻璃仪器有＿＿＿＿＿＿、＿＿＿＿＿＿和＿＿＿＿＿＿。

三、问答题

1. 如何用铬酸洗液来清洗移液管,写出具体步骤。

2. 为什么要将硝酸银固体粉末存放到棕色试剂瓶中?

任务2 印染打样设备识别与操作

染整打样中使用的仪器设备较多,要求每个打样技术人员都必须能正确操作。这里介绍打样中使用最广泛的一些设备。

一、电子天平

通过电磁力平衡原理,来称取物体质量的天平称为电子天平。其特点是称量准确可靠、显示快速清晰,并且具有自动检测系统、简便的自动校准装置以及超载保护等装置。适用于对物体质量进行快速测定。

按称量的精确度来分,电子天平目前分为两种:一种精度为0.01g,另一种精度为0.0001g。一般最大可称200g,均为常量电子天平,如图1-10所示。

图1-10 电子天平

电子天平是精密的仪器,在使用过程中应注意以下几点:

1. 将电子天平放置于稳定的工作台上,接通电源后,需预热30分钟,避免振动、气流及阳光照射。

2. 在使用前检查天平是否水平摆放,如水平仪气泡偏移,则需调整水平仪气泡至中间位置。

3. 电子天平进行预热后,称取物体前要进行校准。尤其是首次使用,必须校准,移动天平或使用一段时间后,也应对天平进行校准,以保证其处于最佳状态。

4. 等电子天平显示稳定的零点后,方可将被称样品放置到称量盘上。如零点不稳定,可按相应的键归零,直至稳定后方可称量。

5. 称量易挥发和具有腐蚀性的物品时,要盛放在特定的容器中,以免腐蚀和损坏电子天平。

6. 如果电子天平出现故障应及时检修,不能让它带"病"工作。

7. 操作天平不可过载使用,以免损坏天平。

8. 如长期不用电子天平,应暂时收藏好。

二、电热恒温水浴锅

在打样中,经常要用到加热设备,电热恒温水浴锅通过间接加热的方法,常用于加热印染打样。其主要有以下特点:(1)工作室水箱选材为不锈钢,有优越的抗腐蚀性能。(2)温控精确,有数字显示,自动温控。(3)操作简便,使用安全。

电热恒温水浴锅分为圆孔电热恒温水浴锅和振荡式电热恒温水浴锅两种。按孔的多少,圆孔电热恒温水浴锅又可分为单孔式、双孔式、四孔式、六孔式、八孔式等。孔的直径一般为12cm左右,孔上有多层套圈,套圈可调节孔口的直径,孔上可放烧杯、染杯等。而振荡式电热恒温水浴锅一般里面放锥形瓶(用夹子夹住)。如图1-11为四孔电热恒温水浴锅。

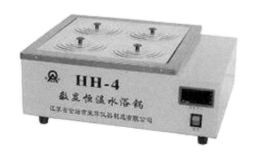

图1-11 四孔电热恒温水浴锅

电热恒温水浴锅分为内外两层,两层之间用隔热性能能好的绝缘性材料,加热时,温度调控范围从常温到100℃。锅内分为上下两层,中间用钢板隔开。钢板下有电热管,可加热水。锅外侧面有面板,上面装有指示灯、电源开关、温度控制旋钮等。使用水浴锅时,应注意以下几点。

1. 向水浴锅注入适量的洁净自来水,一般不超过水浴锅体积的2/3,也不能少于水浴锅体积的1/2,以便放置容器。

2. 水浴锅加水后,方可接通电源,禁止在水浴锅无水的状态下使用加热器。

3. 接通电源后,选择合适的恒温温度。可将温度"设置—测量"选择开关拨向"设置"处,调节温控旋钮,数字显示所需的设定温度。将温度"设置—测量"选择开关拨向"测量"处,数字显示工作水箱的实际温度。(绿色指示灯亮,表示加热进行中;红色指示灯亮,表示加热停止。)

4. 加热完毕,将温控旋钮置于最小值,切断电源。若水浴锅较长时间不使用,需将水浴锅中的水排出,再用软布擦干净并晾干。

三、烘箱

烘箱常用于对样品的烘燥,也可对玻璃仪器进行烘燥。常见的烘箱主要为台式鼓风烘箱,如图1-12所示。

图1-12 台式鼓风烘箱

烘箱是利用电热丝隔层加热使物体干燥的设备。它适用于比室温高300℃—500℃范围的烘焙、干燥、热处理等,灵敏度通常为±1℃。它的型号很多,但基本结构相似,一般由箱体、电热系统和自动控温系统三部分组成。其使用及注意事项如下。

1. 烘箱需安放在室内干燥和水平处,防止腐蚀和振动。

2. 要注意安全用电,根据烘箱耗电功率安装足够容量的电源闸刀;选用足够的电源导线,并应有良好的接地线。

3. 使用带有电接点水银温度计式温控器的烘箱,应将电接点温度计的两根导线分别接至箱顶的两个接线柱上。另将一支普通水银温度计插入排气阀中(排气阀中的温度计是用来校对电接点水银温度计和观察箱内实际温度),打开排气阀的孔,调节电接点水银温度计至所需温度后紧固钢帽上的螺丝,以达到恒温的目的。但必须注意调节时不要将指示针旋至刻度尺外。

4. 当一切准备工作就绪后方可将试品放入烘箱内,然后连接并开启电源,红色指示灯亮表示箱内已加热。当温度达到所控温度时,红灯熄灭绿灯亮,开始恒温。为了防止温控失灵,还必须有人照看。

5. 放入试品时应注意排列不能太密。散热板上不应放试品,以免影响热气流向上流动。禁止烘焙易燃、易爆、易挥发及有腐蚀性的物品。

6. 当需要观察工作室内样品时,可开启外道箱门,透过玻璃门观察。但箱门应尽量少开为好,以免影响恒温。特别是当工作在200℃以上时,开启箱门有可能使玻璃门骤冷而破裂。

7. 有鼓风的烘箱,在加热和恒温的过程中必须将鼓风机开启,否则会影响工作室温度的均匀性和损坏加热元件。

8. 工作完毕后应及时切断电源,确保安全。

9. 使用时,温度不要超过烘箱的最高使用温度,为防止烫伤,取放试样时要用专门的操作工具。

四、标准灯箱

标准光源对色灯箱简称标准灯箱,主要用于有色织物的对色,即可选择多个不同的标准光源对染色后的织物与客户的来样进行色光比较。在纺织品色牢度测试中,可在标准灯箱下用灰卡来评定色牢度的级别。常见的标准灯箱如图1-13所示。

图1-13　标准灯箱

Liyuan牌标准灯箱,有6种标准光源:D65(国际标准人工日光)、TL84(欧洲、日本、中国商店光源)、CWF(美国冷白商店光源)、F(家庭酒店用灯、比色参考光源)、UV(紫外灯光源)和L83(欧洲标准暖白商店光源)。该灯箱具有以下优点:

1. 能显示每种光源的使用时间、名称和开关次数。

2. 光源自动切换,具备同色异谱功能。

3. 无须预热,不会闪动,保证快速而可靠的评定颜色。

4. 能耗小,不发热,发光效率高。

5. 配置有更完整的英、美标准常用光源。

6. 光源名称可改变,增加光源方便。

7. 体积、内框空间大,便于检测大件物品。

五、红外线小样染色机

红外线小样染色机是一种通用的实验室染色设备,如图1-14所示。适用于织物、纱线和散纤维样品,最高温度为140℃。设备为桌面型,外形美观,且采用了最新技术。其加热方式不使用传统的水浴、甘油浴、聚乙烯乙二醇浴,而是采用红外线加热,无须其他介质。实现了更精确的温度控制。其主要优点有:运行经济,能测定染杯内的实际温度,加热效率高,反应迅速,热量传输均匀,使用红外线加热清洁简便,工作空间无烟雾或污染。

图1-14 红外线小样染色机

红外线打样机有12杯、24杯和36杯之分,其自动化程度一般比甘油打样机更高。可以预先编辑若干个程序,以供不同类型染料打样使用。程序的编辑主要考虑升温速度、最高温度和保温时间等因素,特殊染色工艺可以临时编辑。成熟的工艺可以编号,编号的顺序可与生产车间电脑总控室的编号相同。

每天应该检查红外线打样机内控温参照杯内的液面高度。其液面高度过低,容易造成温度瞬间检测的波动现象。实际上把参照温度的染杯内部加满水,就可以彻底杜绝温度瞬时检测的波动现象。检测染杯的温度长时间出现波动,会造成测温系统失灵,最后影响整台小样染剂机的寿命。

常用的三种打样机中,红外线打样机价格最高。保持打样间内适当的温度和湿度,对保护高档打样设备有利。高温高压染样机排压时,会造成室内湿度过大。长此以往,会影响红外线打样机的寿命。有条件的企业可以把高温高压打样机单独放在一个房间内。

红外线打样机染杯的体积与高温高压打样机染杯的体积相差无几。红外线打样机染杯转动使杯内染液与小样之间的相对运动更有序,有利于匀染;小样尺寸适中、沿染杯内壁平放也有利于匀染。

打样时染杯盖子与染杯本身——对应,可以保证染液不会从染杯内泄漏出来。红外线打样机安全、清洁、效率高,是值得推广的打样设备。甘油和红外线打样机染杯的密封圈是保证打样时染液不外漏的关键,红外线小样机打样时染杯加盖前检查盖子号码与杯体号码相同,是保证盖口螺纹不被损坏的关键。染杯盖口的螺纹损毁以后,很容易造成染液泄漏。无论是哪一种小样机,打样后及时清洗染杯,是保证印染颜色准确性的基础。

六、印染蒸化机

蒸化是用蒸汽来处理印花织物的过程。蒸化的目的是使印花织物完成纤维和色浆的吸湿和升温,从而促使染料的还原和溶解,并向纤维转移和固色。印染蒸化机是用于对织物印花或染色后进行汽蒸,使染料在织物上固色的专门设备,如图1-15所示。

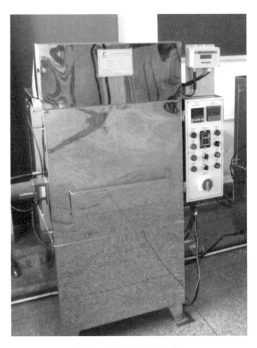

图1-15 印染蒸化机

在蒸化机中,织物遇到饱和蒸汽后迅速升温,此时凝结水能使色浆中的染料、化学试剂溶解,有的还会发生化学反应,渗入纤维中,并向纤维内部扩散,达到固色的目的。所以,蒸化机必须提供完成这一过程所需的湿度条件。蒸化机操作步骤如下:

1. 打开电源开关旋钮"POWER"。

2. 设定工作温度为103℃。

3. 设定汽蒸时间旋钮"TIME"。

4. 启动风机旋钮"FAN START"。

5. 打开加热旋钮"HEAT"至"ON",三组加热器即启动投入运行。

6. 检查机器后面的排湿是否关闭,设定湿度控制仪为78%RH,打开加湿按钮。

7. 达到所需温度及湿度后,自动进入保温状态。

8. 将上好布的针板架放入托架上,按运行按钮"RUN",开始自动工作流程。时间到,自动退出并报警。

9. 取针板布架时可以暂时将加湿按钮关闭,以防烫手。

10. 停机时,先将加热旋钮打回"OFF",开启机后排气口,等温度降到80℃后按下风机停止按钮"FAN STOP",旋动旋钮"POWER",切断本机电源,最后切断机外电源开关。

七、小轧车

小轧车是用于棉或棉混纺织物轧染的设备,如图1-16所示。小轧车采用耐酸碱丁晴橡胶轧辊,具有耐腐蚀、弹性好、使用寿命长等优点。其利用气泵来进行加压,确保两侧气压调节到位更精确、一致,轧辊压力由压缩空气提供动力,可调节两侧压力。其外壳采用不锈钢镜面板制造,外表整洁美观,结构合理。

图1-16 小轧车

立式小轧车操作步骤如下:

1. 使用前做好清洁工作,如轧辊、轧槽清洗等。

2. 开启电源。

3. 分别按动马达启动按钮、轧辊旋转方向按钮及加压按钮,使轧辊向正确方向旋转。

4. 向外轻拉调压阀,分别调整左右压力阀,顺时针方向为增加压力,逆时针方向为降低压力。调整后按卸压按钮,再按加压,重复2—3次,以确定所调压力无误后,向里轻推调压阀。

5. 用试验用布浸渍、压轧、称重,计算轧余率。重复上述操作,直至轧液率符合试验要求。

6. 浸轧织物,必要时可用少量浸轧液淋冲轧辊后浸轧织物。

7. 试验完毕,清洗压辊,按卸压按钮和马达停止按钮,然后切断电源。

课后思考题

一、单选题

1. 常温常压下,电热恒温水浴锅的温度最高可加热到( )。

   A. 70℃   B. 80℃   C. 90℃   D. 100℃

2. 染涤纶时,需要设定温度130℃,不能使用的仪器是( )。

   A. 红外线染色机   B. 甘油染色机

   C. 高温高压染色机   D. 水浴锅

二、填空题

1. 在称量物体质量时,一般用_____来称取。

2. 常用的水浴锅加水的体积不能超过_____,不能少于_____。

3. 染色来样打样做好之后,我们一般在暗室里的_____下进行对样。

三、问答题

1. 简述电子天平的使用和保养。

2. 简述小轧车的操作方法。

任务3 移液管吸料操作

用右手的拇指和中指捏住吸管的上端,将管的下口插入欲移取的溶液中,插入不要太浅或太深,太浅会产生吸空,会把溶液吸到洗耳球内弄脏溶液;太深又会在管外沾附过多溶液。操作时一般左手拿洗耳球,接在管的上口端把溶液慢慢吸入,先吸入吸管容量的1/3左右,取出,横持,并转动吸管使溶液接触到刻度以上部位,以置换内壁的水分,然后将溶液从管的下口放出去,用溶液润洗2—3次后,方可吸取溶液至刻度以上,立即用右手的食指按住管口。具体操作步骤,如图1-17所示。

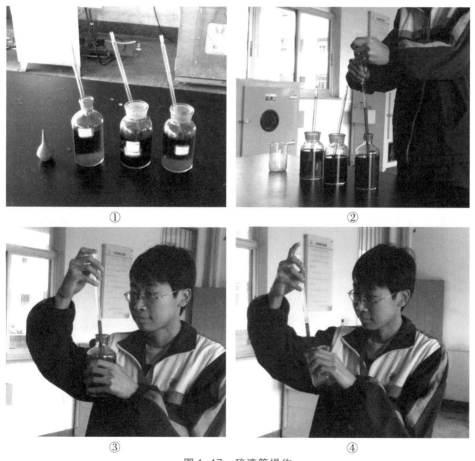

①

②

③

④

图1-17 移液管操作

调节液面:移液管保持竖直,眼睛视线和移液管刻度线呈水平状态,如图1-18所示。

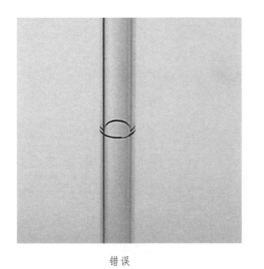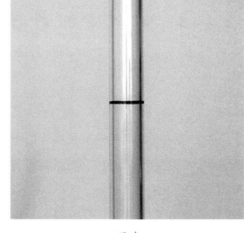

错误　　　　　　　　　　　　　　　　　　正确

图1-18　移液管保持竖直

将吸管向上提升离开液面,管的末端仍靠在盛溶液器皿的内壁上,管身保持竖直,略微放松食指(或用右手的拇指和中指微微转动吸管),使管内溶液慢慢从下口流出,直至溶液的弯月面底部与标线相切为止,立即用食指压紧管口。将尖端的液滴靠壁去掉,移出吸管,放入承接溶液的器皿中,此时读取刻度,如图1-19所示。

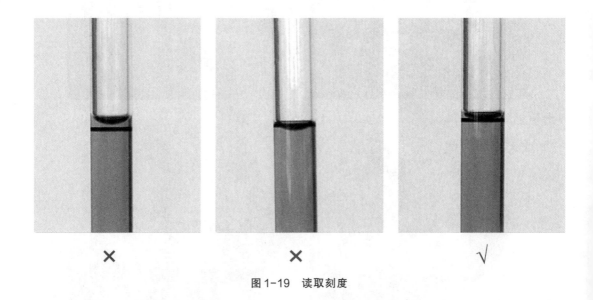

×　　　　　　　　　　×　　　　　　　　√

图1-19　读取刻度

放出溶液:承接溶液的器皿如是烧杯,则烧杯微倾斜,移液管竖直,管口下端紧靠杯瓶内壁,放开食指,让溶液沿瓶壁流下,流完后管尖端接触杯内壁约15秒,转动几下,再将吸管移去。保持移液管竖直,抵住容器壁,和容器壁呈45度角,保持移液管不动,如图1-20所示。

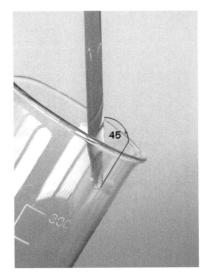

图1-20 放出溶液

残留在管末端的少量溶液,不能用外力强使其流出。但有一种吹出式吸量管,管口上刻有"吹"字,使用时必须使管内的溶液全部流出,末端的溶液也必须用洗耳球吹出,不允许溶液残留。

另外需注意:为了减少测量误差,吸量管每次都应从最上面刻度为起始点,往下放出所需体积,而不是放出多少体积就吸取多少体积。

课后思考题

一、单选题

1. 清洗移液管的最后一步是用(　　)将移液管清洗干净。

　　A. 自来水　　　　　　B. 洗液　　　　　　C. 纯碱溶液　　　　　D.蒸馏水

2. 要移取母液12.50mL,一般用(　　)移液管。

　　A. 10mL移液管＋1mL移液管

　　B. 10mL移液管

　　C. 1mL移液管

二、操作题

请选用1mL移液管和10mL移液管,分别练习移取下列体积的溶液。

9.00mL、7.00mL、5.00mL、1.00mL

1.50mL、11.50mL、10.60mL、6.70mL

9.24mL、6.45mL、25.38mL、30.67mL

任务4 手工化料

一、用容量瓶化料

容量瓶是一种细颈梨形平底的玻璃瓶,带有玻璃磨口塞,颈上有一环形标线。表示在所指定的温度(一般为20℃)下液体充满标线时,液体的体积恰好等于瓶上所标明的体积(如瓶上标有"E20℃ 250mL"字样,"E"指"容纳"的意思,表示这个容量瓶若液体充满至标线,20℃时恰好容纳250mL)。容量瓶常用来把某一数量的浓溶液稀释到一定体积,或将一定量的固体物质配成一定体积的溶液。具体操作如图1-21所示。

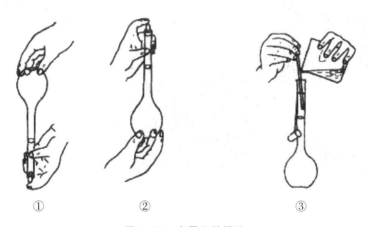

① ② ③

图1-21 容量瓶的操作

1. 试漏:使用前,应先检查容量瓶瓶塞是否密合,可在瓶内装入自来水到标线附近,盖上塞,用手按住塞,倒立容量瓶,观察瓶口是否有水渗出;如果不漏,把瓶直立后,转动瓶塞约180度后再倒立试一次。为使塞子不丢失,常用塑料绳将其拴在瓶颈上。

2. 洗涤:先用自来水洗,后用蒸馏水淋洗2—3次。如果较脏时,可用铬酸洗液洗涤。洗涤时将瓶内水尽量倒空,然后倒入铬酸洗液10—20mL,盖上盖,边转动边向瓶口倾斜,至洗液布满内壁。放置数分钟,倒出并回收铬酸洗液,并用自来水充分洗涤,再用蒸馏水淋洗。

3. 转移:若要将固体物质配制一定体积的溶液,通常是将固体物质放在烧杯中用水溶解后,再定量地转移到容量瓶中,用一根玻璃棒插入容量瓶内,烧杯嘴紧靠玻璃棒,使溶液沿玻璃棒慢慢流入,玻璃棒下端要靠近瓶颈内壁,但不要太接近瓶口,以免有溶液溢出容量瓶。待溶液流完后,将烧杯沿玻璃棒稍向上提,同时直立,使附着在烧杯嘴上的溶液流回烧杯中。残留在烧杯中的少许溶液,可用少量蒸馏水洗3—4次,洗涤液按上述方法转移合并到容量瓶中。如果是浓溶液稀释,则用移液管吸取一定体积的浓缩液,放入容量瓶中,可按下述方法稀释。

4. 稀释:溶液放入容量瓶后,加蒸馏水,稀释到约3/4体积时,将容量瓶平摇几次(切勿倒转摇动),做初步混匀,这样也可避免混合后体积的改变。然后继续加蒸馏水,接近标线时应小心地用移液管逐滴加入,直至溶液的凹液面与标线相切为止,再盖紧塞子。

5. 摇匀:左手食指按住塞子,右手指尖顶住瓶底边缘,将容量瓶倒转并振荡,再倒转过来,使气泡上升到顶,如此反复15—20次,即可混匀。

二、用简单方法化料

配2g/L活性红溶液,称染料1.00g,加水500mL,贴好标签,化料简单操作,如图1-22所示。

称染料1.00g   加水500mL   贴好标签

图1-22 化料简单操作

 **课后思考题**

一、判断题(下列判断正确的请打"√",错误的打"×")

1. 容量瓶可以用来配制 0.2% 的活性染料溶液。 （   ）

2. 用简单方法来配制 2g/L 的活性染料溶液,无误差。 （   ）

3. 用 250mL 烧杯来移取 500mL 水。 （   ）

二、填空题

1. 用容量瓶配制好溶液后,应将溶液转移到＿＿＿＿＿＿＿存放。

2. 配制 50g/L 的元明粉 500mL 溶液,应称取元明粉＿＿＿＿＿克,应选用容量瓶的规格为＿＿＿＿＿mL。除容量瓶外还需要用到的其他玻璃仪器有＿＿＿＿＿＿＿＿＿＿。

三、问答题

1. 如何用容量瓶来配制 2g/L 的活性红溶液 500mL?

2. 简述容量瓶化料和简单方法化料的误差。

项目二　自动滴液系统和化料系统

情景聚焦

　　随着科学技术和人工智能的不断发展,我们印染行业小样打样室内,电脑自动滴液系统正逐步兴起,电脑自动化料也在逐步取代手工化料操作。印染滴液系统已经在印染实体工厂取得了一定的规模,约70%的印染厂配有自动滴液系统。因此作为印染专业的学生,有必要学会熟练操作该系统:会建立染料名称和染料代码资料,掌握染料代码的具体含义,熟记代码资料;会建立母液资料,一般一种染料配制两瓶母液;会利用母液调制软件来配制母液;会用滴液系统配方软件输入染色配方,能保存配方,并把配方染液滴入指定钢杯中;遇到简单的问题会及时解决,如母液瓶塞住、气泵漏气等。

　　我们的目标:

　　熟悉自动滴液系统和自动化料系统;

　　会利用自动化料系统进行母液配置;

　　会利用自动滴液系统按配方滴液;

　　会修理常见的简单故障。

　　着手的任务:

　　准确完成母液配置工作;

　　按配方准确完成滴液工作;

　　会进行简单的故障排除工作。

任务1 初识滴液系统和化料系统

随着生产的发展,客户对间歇式染色产品的打样要求不断提高,而染厂为了降低生产成本,提高生产效率,愈来愈重视一次染色成功率。面对人力成本的增加、打样精度亟待提高与速度等问题,以绍兴滨海新城为例,一些规模稍大的印染企业目前都已经添置精度较高的自动滴液系统和电脑化料系统等较高端的打样设备。

一、仪器介绍

自动滴液系统(如图1-23)和电脑化料系统必须按照准确的顺序开机、关机。

开机顺序:开启总电源→开启机台面板电源→开启电脑→运行控制软件。

关机顺序:关闭控制软件→关闭电脑→关闭机台面板电源→关闭总电源。

图1-23 自动滴液系统

二、软件介绍(配方管理员系统如图1-24)

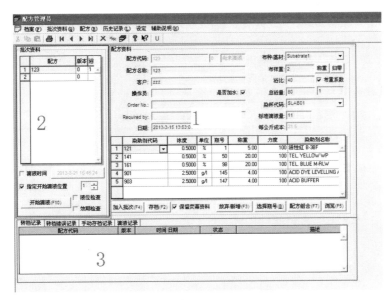

图1-24 配方管理员系统

三、设备利用

1. 调制母液

利用电脑化料系统,配置浓度为2g/L的母液。

2. 滴配方母液

在电脑中输入配方,利用滴液系统把母液滴到指定的钢杯中。

课后思考题

一、单选题

1. 手工吸料与自动滴液的精确度,哪一个高?(   )

    A. 手工吸料   B. 自动滴液

二、填空题

软件配方管理员中,121指的是_____。

三、问答题

如何开启自动滴液系统和电脑化料系统?

任务2 建立资料库

为提高滴液系统的使用效率,加快输入配方的速度,必须给染料、助剂和母液资料建立资料库。建立资料库的基本原则:给滴液系统配置符合实际使用要求的染料、助剂和母液等相关信息的资料,具体如下。

1. 确定用在滴液系统上的染料和助剂的种类。

2. 将这些染料按色系分开,并按此来规划母液转盘。

3. 确定每一支染料、助剂要化几个浓度,并由此来分配转盘上的瓶号,确定母液资料。

一、建立染化料资料库

在软件基本资料管理员中建立染化料资料库,如图1-25所示。具体染料代码和染料名称如下:

121　活性红B-3BF;　　　122　活性蓝2BLN;　　　123　活性黄4RFN。

131　分散红3B;　　　132　分散蓝2B;　　　133　分散黄3RS。

其中121为染料代码,活性红B-3BF为染料名称。

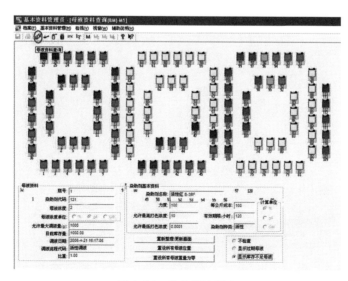

图1-25　染化料资料库

二、建立母液资料库

在基本资料管理员中建立母液资料库。具体母液资料如下：

1　　121　　2g/L；　　2　　121　　0.2g/L；

3　　122　　2g/L；　　4　　122　　0.2g/L；

5　　123　　2g/L；　　6　　123　　0.2g/L。

其中1为瓶号，121为染料代码，2g/L为浓度。

 课后思考题

一、单选题

把染料名称写成代码的目的是(　　)。

A. 提高配方输入的效率　　　　　　B. 便于记忆

二、问答题

1. 一种染料一般要配制2—3个不同浓度的母液,为什么?

2. 从表1-1中找出华越印染染料代码资料的规律。

表1-1　染料名称代码参考

染料代码	染料名称	染料代码	染料名称	染料代码	染料名称
1101	BES 活性红	2101	S-5BL 分散红玉	3101	A-2BL 酸性红
1102	RW 活性红	2102	SE-2GF 分散红玉	3102	S-GN 酸性红
1103	MF-2B 活性红	2103	E-3B 分散红	3301	A-R 酸性黄
1105	LM 低温枣红	2104	FB 分散红	3302	S-2G 酸性黄
1108	M-DG 活性红	2105	GS 分散大红	3303	A-3G 酸性嫩黄
1201	BES 活性橙	2106	G 分散艳红	3601	A-R 酸性蓝
1202	LM 低温橙	2107	ACE 分散红	3602	S-G 酸性深蓝
1301	MF-3R 活性黄	2108	G 西洋红	3603	A-G 酸性翠蓝
1302	RW 活性黄	2109	FBS 荧光红	3701	A-BL 酸性紫
1303	B-4GLN 活性嫩黄	2301	S-4RL 分散橙	3801	LD 中性黑
1305	DH-DR 活性金黄	2302	SE-4GL 分散嫩黄	4201	D-RSN 混纺黑
1306	DH-2G 活性大红	2303	E-RGFL 分散黄	4202	D-R 混纺藏青
1601	B-2GLN 活性深蓝	2304	ACE 分散黄	4203	D-BLL 混纺红玉
1602	RW 活性藏青	2305	8GFF 分散荧光黄	4204	B-3RNL 混纺黄
1603	BES 活性翠蓝	2601	S-3BG 分散深蓝	4205	D-G 直接嫩黄
1604	BES 活性艳蓝	2602	2BLN 分散蓝	4206	D-BGL 混纺翠蓝
1605	LM 低温藏青	2603	S-GL 分散翠蓝	4207	D-BLN 混纺大红
1606	S-2R 艳蓝	2604	ACE 分散蓝		
1701	AR 活性紫	2605	EXO 分散深蓝		
1801	WNN 活性黑	2701	HF-RL 分散紫		
1802	LM 低温黑色	2801	EX-SF 分散黑		
1803	M-G 活性黑				

任务3 化料

手工化料费时费力,精确度低。目前我们滨海70%的印染厂采用电脑自动化料系统来进行母液配制,如图1-26所示。

染料母液配制有两种方法:

1. 添加染料的方式。

2. 从高浓度稀释成低浓度。

图1-26 自动化料系统

一、以添加染料方式配置母液

1. 打开母液调制管理员。

2. 选定要调制母液的瓶号。

3. 点击母液调制按钮,将瓶子放于电子天平上(加搅拌磁)。

4. 称染料(一定的范围,如5g/L,配1L,范围是称4.000g到5.000g,具体操作如图1-27自动化料系统软件管理a所示)。

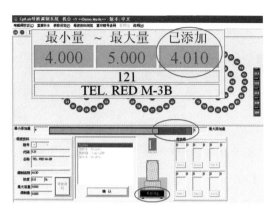

图1-27 自动化料系统软件管理a

5. 自动加温水。

6. 搅拌(1分钟)。

7. 自动加冷水。

8. 配制后,把试剂瓶中的母液倒入母液杯中。

二、从高浓度稀释成低浓度

1. 选择要调制的低浓度母液瓶号,按"母液调制"按钮开始。

2. 请选择与所要调制的母液浓度最接近的一瓶高浓度母液进行稀释,选好后请点"确认"。具体操作如图1-28自动化料系统软件管理b所示。

3. 当出现画面时,请按照提示的重量范围,从所选择的高浓度母液瓶中,取出等量的母液放到所要调制的母液瓶中。

4. 确认后,系统将自动加水至所要求的总量,并提示调液完成,具体操作如图1-29自动化料系统软件管理c所示。

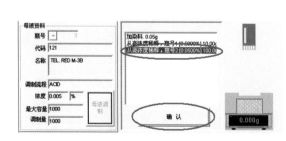

图1-28 自动化料系统软件管理b

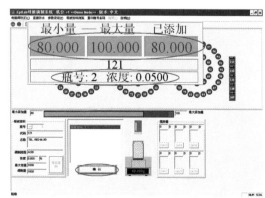

图1-29 自动化料系统软件管理c

课后思考题

一、单选题

当一种染料没有配制成母液时,一般用(　　　)方法来配制母液。

A. 添加染料的方式

B. 从高浓度稀释成低浓度

二、填空题

母液配制时,如果水多加了,则_____。

三、问答题

如何用从高浓度稀释成低浓度的方法进行化料?

任务4 自动滴液

印染打样室内,打样员手工吸料精确度不高,有多个配方同时打样时,容易出错,还有长时间操作后容易疲劳。采用电脑自动滴液系统后,打样员只要输入染色配方(一般指浸染),点击"确认"后,就可将配方滴到指定的钢杯中,精确度高。不仅如此,电脑自动滴液系统可以一次性输入16个配方,同时滴定到指定钢杯中,极大地提高了滴液效率,如图1-30所示。

1. 打开配方管理员软件(如图1-31)和自动滴液系统软件。

图1-30 自动滴液操作演示

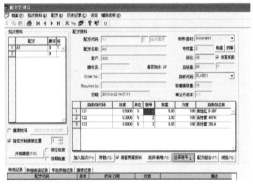

图1-31 配方管理员软件

2. 在软件配方管理员中输入配方(配方中的染料名称为染料代码)。

如:121   0.5%

　　122   0.6%

　　123   0.8%

3. 同时输入织物的重量、浴比等,然后点击"存档"。

4. 点击加入批次(一个配方一个钢杯,两个配方两个钢杯),准备滴定。

5. 确定好滴到指定的钢杯中。

6. 开始滴定。

课后思考题

一、单选题

输入配方时,必须用电脑键盘上的(　　　)来输入。

A. 数字键盘　　　　　　　　　　　B. 主键盘

二、填空题

在输入配方时,有配方名称,配方名称必须＿＿＿＿＿＿＿＿＿＿。

三、问答题

为什么输入配方时,染料名称要改为染料代码?

模块二　染色

项目一　活性染料浸染棉织物打样

情 景 聚 焦

活性染料染色时,能将染料直接染到织物上,同时由于它有较好的扩散能力,容易使染料扩散进入纤维内部。此时尚未与纤维起化学反应,很容易用水把大部分染料洗掉,因此必须用碱剂促使染料与纤维产生化学反应,把染料固着在纤维上。前者称为染色,后者称为固色。活性染料与纤维素纤维的键合反应可用下述通式表示:

$$D - T - X + HO - Cell \rightarrow D - T - O - Cell + X^{-} \tag{1}$$

$$D - SO_2 - CH = CH_2 + HO - Cell \rightarrow D - SO_2 - CH_2 - CH_2 - O - Cell \tag{2}$$

(1)式是一氯均三嗪型(K型)活性染料与纤维素纤维在碱剂存在下所发生的键合反应。在碱剂作用下,纤维上羟基离解而使纤维素纤维带负电,成为亲核试剂进攻活性基团中带正电的反应活性中心,发生亲核取代反应,使染料和纤维合为一体。

(2)式是乙烯砜型(KN型)活性染料与纤维素纤维产生键合反应,使染料固着在纤维上。由于不产生原子间的取代,而是产生了饱和化合物,故称为加成反应。

活性染料在溶液中以阴离子形式存在,带负电荷,纤维素纤维在水中也带负电荷,加入元明粉或食盐对其活性有促染作用,即加速活性染料分子脱离染液染到纤维上。加入纯碱,使得活性染料在碱性条件下,与纤维素纤维上的羟基反应,形成共价键。

我们的目标:

熟悉印染打样的基本操作;

会单色及塔色样卡制作;

会各种颜色的来样打样。

着手的任务:

准确地完成印染打样的基本流程;

准确地完成单色及塔色样卡的操作;

会进行来样打样。

任务1 活性染料浸染打样的基本步骤和计算

纤维制品的染色生产加工方法,根据加工方式不同分为两大类,即浸染法和轧染法。两种方法各有其特点,例如:浸染法适合小批量、多品种产品染色加工,设备占地小,单台机价格相对较低,使用灵活;而轧染法则突出体现为染色生产具有连续高效的优点,而且对某些染料如还原染料等更适合应用。对应于两种染色方法,染色打样也有浸染和轧染两种方式。

一、浸染打样的基本步骤

浸染打样的基本步骤可表示为:润湿织物→准备热源→配制染液→染色操作→整理贴样。具体操作步骤如下。

1. 织物(或纱线)润湿:将事先准备好的织物(或纱线)小样称好重量(一般为2.00g,如图2-1),放入温水(40℃左右)或冷水(针对低温染色的染料如X型活性染料等)中润湿浸透、挤干,待用。

图2-1 称布

2. 热源准备:打开水浴锅(通电前先看看水浴锅内水的液面情况)加热,没有水浴锅可用电炉间接水浴加热。

3. 配制染液:根据染料浓度、助剂用量及浴比(浸染时,织物的重量与染液体积之比,如浴比为1:40)配制染液。一般缓染剂在配制染液时加入,促染剂在染色一定时间(一般为15min)后开始加入。配好待染的染液如图2-2所示。

图2-2 配好待染的染液

4. 染色操作：将配制好的染液放入水浴锅中加热至入染温度,放入准备好的织物开始染色,在规定时间内升至染色的最高温度,加入所用促染剂(对用量较大的可分2—3次加入);加入时,先将织物提出液面,搅拌溶解后再将织物放入,染至规定时间,取出染样,水洗,皂煮(需要固色的要进行固色),水洗,最后熨干。

5. 整理贴样：将染色或固色后已经干燥的织物,裁剪成适合样式表格大小的整齐方形或花边方形,在裁好的方形反面边沿处涂抹固体胶或贴双面胶,粘贴在对应样卡上,写好配方。注意粘贴时,各浓度样织物纹路方向要一致。染色后的纱线可整理成小束后,扭成"8"字形等,用胶带粘贴在样卡对应处。

二、浸染法打样的计算

1. 浴比计算。

浸染时,确认浴比为1:40,织物称2.00g,则需要配制染液多少毫升?

解：需要配制染液的体积为:$40 \times 2.00 = 80(\mathrm{mL})$

2. 染料浓度计算。

浸染时,活性红的浓度为1.0%,织物为2.00g,活性红母液浓度为2g/L,则需要移取活性红母液的体积为多少?

解：活性红的浓度为1.0%,表示活性红相对织物百分比(o.w.f.)为1.0%。

$1.0\% = \dfrac{\text{染料的质量}}{\text{织物的质量}} \times 100\%$,织物的质量为2.00g

需要活性红染料的质量为:$2.00\mathrm{g} \times 1.0\% = 0.02\mathrm{g}$

需要移取活性红母液的体积为:$\dfrac{0.02g}{2g/L} = 0.01L = 10\mathrm{mL}$

课后思考题

一、单选题

1. 浸染时,设定浴比为1∶30,称取织物2.00g,则染液体积为( )。

A. 60mL　　　　　　　　B. 30mL　　　　　　　　C. 80mL

2. 设定水浴锅的温度为70℃,实际温度是否是70℃?( )

A. 是　　　　　　　　　B. 不是　　　　　　　　C. 可用温度计测定

二、填空题

1. 浸染打样的基本步骤有_____、_____、_____、_____和

_____。

2. 染色按加工方式不同分为_____和_____。

三、计算题

浸染时,活性蓝的浓度为1.45%,织物为5.00g,活性蓝母液浓度为5g/L,则需要移取活性蓝母液的体积为多少?

任务2 活性染料浸染棉织物单色样卡制作

一、实验目的

赋予织物有牢固性的单色,染出不同浓度的单色样,了解不同染料的提升力。

二、实验仪器

水浴锅、电子天平、玻璃仪器、洗耳球、电烫斗。

三、药品和助剂

活性红母液(2g/L)、活性黄母液(2g/L)、活性蓝母液(2g/L)、纯碱、元明粉和皂片。

四、染色工艺

1. 工艺流程。

织物→染色→固色→水洗→皂洗→水洗→烘干。

2. 工艺配方参考(如表2-1)。

表2-1 工艺配方参考

活性红 (染料浓度%)	0.05%	0.1%	0.4%	0.8%	1.2%	1.5%	2.0%	3.0%
移取活性红母液(mL)								
元明粉(g/L)	10	10	10	20	20	30	40	50
加元明粉质量(g)								
纯碱(g/L)	5	5	5	10	10	15	20	25
加纯碱质量(g)								
水(mL)								

（3）工艺条件。

$T_{染色} = 60℃, t_{染色} = 20—30min$；织物 2.00g

$T_{固色} = 60℃, t_{固色} = 30—40min$；浴比 1:40

$T_{皂洗} = 95℃, t_{皂洗} = 5min$。

五、贴样参考表，如表2-2

表2-2　贴样参考

贴　样	贴　样	贴　样
配方:活性红0.05%	配方:活性黄0.05%	配方:活性蓝0.05%
贴样	贴样	贴样
配方:活性红0.1%	配方:活性黄0.1%	配方:活性蓝0.1%
贴样	贴样	贴样
配方:活性红0.4%	配方:活性黄0.4%	配方:活性蓝0.4%
贴样	贴样	贴样
配方:活性红0.8%	配方:活性黄0.8%	配方:活性蓝0.8%
贴样	贴样	贴样
配方:活性红1.2%	配方:活性黄1.2%	配方:活性蓝1.2%
贴样	贴样	贴样
配方:活性红1.5%	配方:活性黄1.5%	配方:活性蓝1.5%
贴样	贴样	贴样
配方:活性红2%	配方:活性黄2%	配方:活性蓝2%
贴样	贴样	贴样
配方:活性红3%	配方:活性黄3%	配方:活性蓝3%

课后思考题

一、单选题

1. 活性染料浸染棉织物时,加元明粉的目的是(　　)。

A. 促染　　　　　　　　　B. 固色　　　　　　　　　C. 缓染

2. 活性染料浸染棉织物时,加纯碱的目的是(　　)。

A. 促染　　　　　　　　　B. 固色　　　　　　　　　C. 缓染

二、填空题

1. 活性染料浸染时,一般要先加元明粉,后加纯碱;如先加纯碱,后加元明粉,则会出现_____。

2. 活性染料染色后,需要皂洗。皂洗的目的是_____。

三、问答题

1. 染色结束后,样布如何分配?

2. 颜色的浓淡程度与染料浓度有什么关系?

任务3 活性染料浸染棉织物塔式样卡与拼色

一、实验目的

赋予织物有牢固性的各种颜色,学会塔式样卡的制作,了解颜色变化趋势。

二、拼色

拼色是一项复杂、细致而又重要的工作,打样人员除了应具备色彩基本知识、敏锐的辨色能力外,还应掌握拼色基本原理、规则等,并注意不断积累打样素材及经验。

1. 拼色原理。

拼色是以"减法"混色原理作为理论基础的。实际应用中,由于找不到理想的三原色,常以红、黄、蓝作为代用三原色(也称一次色)。如果用两种不同的一次色拼混,可以得到橙、绿、紫等二次色;若以两种不同的二次色拼混,或以任意一种原色与灰色相拼,可得到三次色。拼色结果如图2-3所示。

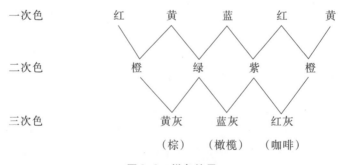

图2-3 拼色结果

2. 拼色基本原则。

拼色过程比较复杂,为使配色能获得预期的效果,做到快速、准确、经济,应遵循下列原则。

(1)"相近"原则。

拼色染料的染色性能应尽量相近。染料的染色性能包括亲和力、上染速率、上染温度、匀染性、染色牢度等。拼色时应尽量选择同一应用大类及小类的染料,否则染色工艺制定困难,并且会由于染料配伍性较差而出现色光不易控制、匀染性差等现象。各类染料中的三原色往往是经过筛选的应用性能优良、配伍性能较好的染料,所以拼色时应优先考虑选用三原色。

(2)"少量"原则。

拼色时(尤其是拼鲜艳色),染料种数应尽可能少,一般不宜超过三种,这样便于色光调整与控制,同时对拼色染料的组分(指混合染料)应了解,尽量选用原组分中的染料进行补充或调整色光,以减少拼用染料的种数,确保拼色染料的色泽鲜艳度,减少染料之间的相互抵冲。

(3)"微调"原则。

色光调整是以"余色"为理论依据的。所以利用余色原理来调整色光只能是微量的,如果用量稍多,色泽变暗,会影响鲜艳度,严重时还会影响色相。例如,红色的余色是绿色,黄色的余色是紫色,蓝色的余色是橙色。

(4)"就近选择"与"一补二全"原则。

拼色时,无论是主色还是辅色染料,还是调整色光用染料,都应选择与目标色最接近的染料,即"就近选择"原则。同时应尽可能做到选用一种染料,获得两种或两种以上的效果,即"一补二全"原则。

如拼翠绿色,有条件的话应选择与翠绿色最接近的绿色染料,然后根据需要选择合适的染料调整色光;也可以选用翠蓝色(即绿光蓝)与嫩黄色(即绿光黄)混拼。

又如拼红光蓝色,尽量不要采用"蓝+红",应选择与蓝色相近的颜色(紫色)补充红光,做到"就近补充",这样拼色操作更方便、经济。

三、塔式样卡(如图2-4)计算

设定塔式样卡的总浓度为1.0%(移取母液的总体积为10mL),元明粉浓度为20g/L,纯碱浓度为10g/L,织物2.00g,浴比1:40,图2-4塔式样卡中,Y表示黄色,R表示红色,B表示蓝色。Y10表示黄色的染料10份,需要移取黄色染料母液10mL;Y7 B3表示黄色7份、蓝色3份,需要移取黄色染料母液7mL、蓝色染料母液3mL;Y4 R2 B4表示黄色4份、红色2份、蓝色4份,需要移取黄色染料母液4mL、红色染料母液2mL、蓝色染料母液4mL。

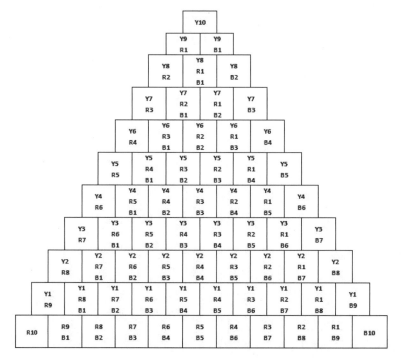

图2-4 塔式样卡

四、活性染料染色工艺曲线（如图2-5所示）

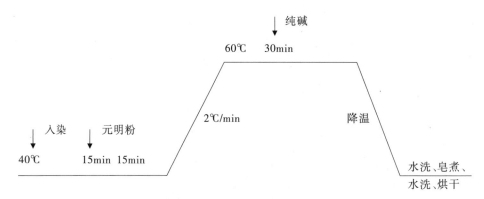

图2-5 活性染料染色工艺曲线

课后思考题

一、单选题

1. 染色时,活性红与活性蓝一起拼色,将得到( )。

   A. 紫色   B. 橙色   C. 绿色

2. 紫色的余色是( )。

   A. 红色   B. 黄色   C. 蓝色

二、填空题

1. 印染厂常用的三原色为_____、_____、_____。

2. 塔式样卡中的 Y 是_____,R 是_____,B 是_____。

三、问答题

1. 简述拼色的基本原则。

2. 计算塔式样卡中所移取母液的体积。

任务4 活性染料浸染棉织物单色来样打样

　　来样打样过程必须根据加工对象选择染料和助剂，制定合适的染色工艺，确定准确的染色配方。仿色打样是印染厂的基础性工作，直接关系到大生产的综合效果。仿色打样人员应具有一定的配色理论知识，并掌握打样的基本流程和工艺。

　　活性染料对纯棉织物来样打样，是根据塔式样卡中颜色的变化趋势，染色中用同种染料的不同颜色以一定比例进行混合拼色。通过简单的实验了解仿色打样的基本知识，通过对色三角的认识，以及对来样的分析就能打出符合标准的样品。

一、单色样布（如图2-6）

蓝色　　　　　　　　　　黄色　　　　　　　　　　红色

图2-6　样布

二、根据单色样色卡，初步确定染色配方

单色参考样，如图2-7。

图2-7　单色参考样

配方初步为:活性红   2.1%

         元明粉   40g/L

         纯碱   20g/L

三、染色操作

根据染色工艺,染出小样。

四、对色

染色结束后,将染好的小样经水洗后烘干处理,与来样进行对色。为了保证对色结果的一致性,在视觉评定颜色时,必须在客户指定的光源下对色,以避免因光源不准确或光源不同而造成视觉上的差异。

标准灯箱应正确放置。使用时先将窗帘拉上,隔离所有光源,将小样与来样并列在同位置对色,位置在箱子中间以90度放置,对色距离随颜色深浅0—25cm做适度调整,对色角度以不反光为原则,箱内不可多放其他布料,并保持滤镜玻璃光亮,标准灯箱先用UV光源检查布块是否带荧光。常用的标准光源有D65、TL84、CWF等,选用合适的对色角度:光源角度45度,视角0度。对色操作如图2-8所示。

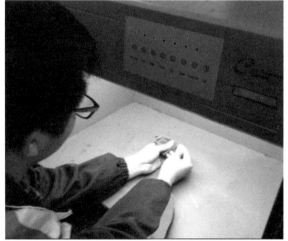

图2-8 对色操作

对色完成后,做好记录。确定来样打样是否成功。如不成功,则修改配方,重新进行来样打样。

课后思考题

一、单选题

1. 印染厂来样打样时,来样来自(   )。

   A. 客户   B. 印染厂   C. 每人自带

2. 印染厂对色,一般在(   )下进行。

   A. 标准灯箱   B. 太阳光   C. 电灯

二、填空题

1. 如印染厂无标准灯箱,白天可用_____对色,晚上可用_____对色。

2. 标准灯箱常见的光源有_____、_____、_____。

三、问答题

1. 简述来样打样的的基本过程。

2. 简述对色的基本操作。

任务5 活性染料浸染棉织物双色来样打样

一、双色样布（如图2-9）

绿色　　　　　　　　　　　　紫色　　　　　　　　　　　橙色

图2-9　双色样布

二、根据塔式样卡，初步确认染色配方

塔式参考样如图2-10所示。

图2-10　塔式参考样

配方初步为：活性蓝　　　0.74%

　　　　　　活性红　　　0.46%

　　　　　　元明粉　　　20g/L

　　　　　　纯碱　　　　10g/L

三、染色操作

根据染色工艺，染出小样（具体内容见模块二项目一任务2）。

四、对色

染色结束后,将染好的小样经水洗后烘干处理,在标准灯箱下,与来样进行对色,确定来样打样是否成功。如不成功,则修改配方,重新进行来样打样。

如染色小样颜色偏淡,则修改配方时需要加成,例如蓝色加一成、红色加半成。

计算如下:活性蓝 $0.74\% \times 1.1 = 0.814\%$;活性红 $0.46\% \times 1.05 = 0.483\%$ 。

如染色小样颜色偏浓,则修改配方时需要减成,例如蓝色减一成、红色减半成。

计算如下:活性蓝 $0.74\% \times 0.9 = 0.666\%$;活性红 $0.46\% \times 0.95 = 0.437\%$ 。

课后思考题

一、单选题

1. 活性蓝1.5%,需要加两成,变成(　　　)。

    A. 1.48%　　　　　　　　B. 1.8%　　　　　　　　C. 1.7%

2. 活性红 2.46%,需要减三成,变成(　　　)。

    A. 2.16%　　　　　　　　B. 2.18%　　　　　　　　C. 1.72%

二、填空题

1. 紫色样布打样后,发现红光偏重,则应把红色染料做＿＿＿＿＿＿＿＿处理。

2. 绿色样布打样后,发现黄光偏少,则应把黄色染料做＿＿＿＿＿＿＿＿处理。

三、计算题

现有下列配方:活性蓝　　　0.94%

              活性红　　　0.26%

              元明粉　　　20g/L

              纯碱　　　　10g/L

棉织物染色后发现颜色色泽一致,但总体颜色偏淡,你应如何操作?

任务6 活性染料浸染棉织物三色来样打样

一、三色样布(如图2-11)

黄棕色　　　　　　　　红灰色　　　　　　　　蓝灰色

图2-11 三色样布

二、根据塔式样卡,初步确认染色配方

塔式参考样,如图2-12。

图2-12 塔式参考样

配方初步为:活性红　　　2.1%

活性黄　　　0.4%

活性蓝　　　0.1%

元明粉　　　40g/L

纯碱　　　　20g/L

三、染色操作

根据染色工艺,染出小样(具体内容见模块二项目一任务2)。

四、对色

染色结束后,将染好的小样经水洗后烘干处理,在标准灯箱下,与来样进行对色。确定来样打样是否成功。如不成功,则修改配方,重新进行来样打样。

五、样布收集(如图2-13)

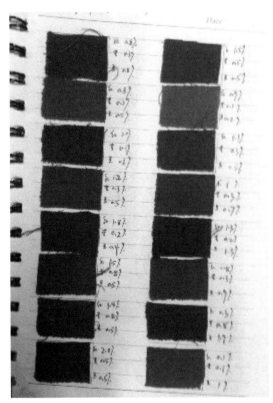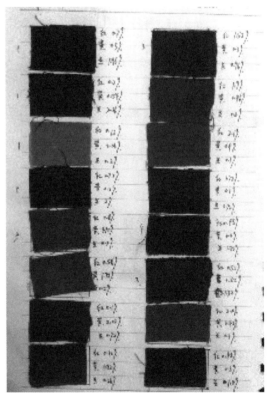

图2-13　样布收集

 **课后思考题**

一、单选题

1. 印染厂来样打样后,要收集样布,一般左边贴样布,右边写(　　)。

　　A. 客户名称　　　　　　　　B. 配方　　　　　　　　C. 日期

2. 如样布红光偏重,一般加(　　)染料修色。

　　A. 绿色　　　　　　　　　　B. 紫色　　　　　　　　C. 橙色

二、填空题

1. 来样打样后,必须写好＿＿＿＿＿＿,如和来样不一致,应及时修改＿＿＿＿＿＿。

2. 来样打样确定配方靠＿＿＿＿＿＿和＿＿＿＿＿＿。

三、收集样布

　　要求每人一周收集20块样布。

任务7 活性染料浸染棉织物深色来样打样

一、深色样布(如图2-14)

图2-14 深色样布

二、根据塔式样卡,初步确认染色配方

塔式参考样,如图2-15。

图2-15 塔式参考样

配方初步为:活性黑 1.82%

     活性红 0.46%

     元明粉 40g/L

     纯碱   20g/L

     增深剂T 4g/L

三、染色操作

根据染色工艺,染出小样(具体内容见模块二项目一任务2)。

四、棉织物增深

目前应用在棉织物染色上最重要、最有潜力的染料是活性染料,因活性染料染棉纤维的颜色鲜艳度和耐湿处理牢度均较好,但是它也存在两方面的问题。第一,由于近几年来原棉的等级下降,坯布中含有一些死棉,在采用活性染料染色时,染料的覆盖性稍差,布面常出现白芯现象。其效果就像坯布上布满了白芯,使客户无法接受,致使生产受阻。第二,纤维素羟基在水中能部分电离,使纤维素带负电荷,当活性染料在对纤维素进行染色时,它不易与负电荷的纤维素结合,所以其得色率较低,染料的利用率不高。

针对以上现象,我们采用了许多方法。首先,加强前期对坯布处理方面的重视,即提高坯布的毛效,使死棉膨松,以提高染料的上色率。其次,提高元明粉的用量,提高染料的上色率,结果效果都不甚理想。加入棉织物增深剂T,其主要成分为具有环氧基的季胺高分子化合物,属阳离子型,在与纤维素纤维的负电荷反应后,可使染色布面带有阳离子,便于阴离子染料上染,从而提高了活性染料的上色率;同时,该反应是在纤维表面形成一层阳离子层,所以当染料与纤维素形成共价键时,在坯布表面形成一层染料层,可达到遮盖死棉的目的。

课后思考题

一、单选题

　　1. 下列染料染色的染色品色泽最浓艳的是(　　　)。

　　　A. 还原染料　　　　　　　B. 冰染料　　　　　　　C. 活性染料

　　2. 纯棉针织物丝光后,采用相同浓度的染料染色比未丝光的得色率(　　　)。

　　　A. 高　　　　　　　　　　B. 低　　　　　　　　　C. 不变

　　3. 染料的摩尔吸光度越大,则染料的颜色(　　　)。

　　　A. 越浓　　　　　　　　　B. 越深　　　　　　　　C. 越淡　　　　　　　D. 越浅

二、判断题(下列判断正确的打"√",错误的打"×")

　　1. 染料浓度相同,浴比增大,织物的得色量不变。　　　　　　　　　　　　　(　　　)

　　2. 纺织品的染色方法有浸染和轧染,染料浓度一般是用百分数来表示。　　　(　　　)

　　3. 为了提高活性染料的上染率,在上染过程中可采取提高染液温度的方法来达到。　(　　　)

　　4. 三元色是不能由其他任意色混合而得到的颜色。　　　　　　　　　　　　(　　　)

　　5. 相互起消色作用的两种颜色互为余色。　　　　　　　　　　　　　　　　(　　　)

三、计算题

　　如果活性染料打小样时,布重为2g,处方为表2-3(中温型染料)。

表2-3　活性染料打小样处方

试样编号	浅　色				中　色			深　色		
试样编号	1	2	3	4	5	6	7	8	9	10
染料(%)(o.w.f)	0.04	0.08	0.16	0.32	0.5	0.8	1.2	2.0	2.5	3
食盐(g/L)	10				25			40		
纯碱(g/L)	10				20			25		
浴比	1:30									

　　现有处方:活性红3BS　　　2%

　　　　　　活性黑V　　　　0.05%

　　所配染料母液均为10g/L,问:需配染液总量为多少?两种染料应该各取多少?应该称取食盐和纯碱各多少g?

项目二　活性染料轧染棉织物打样

情 景 聚 焦

轧染是将织物在染液中经过短暂的浸渍后,随即用轧辊轧压,将染液挤入纺织物的组织空隙中,并除去多余的染液,使染料均匀地分布在织物上。染料的上染是在以后诸如汽蒸或焙烘等处理过程中完成的,织物浸在染液里一般只有几秒到几十秒,浸轧后织物上带的染液(通常称轧余率,以干布重的百分率计)不多,在30%—100%之间。

活性染料的轧染分一浴法和二浴法。一浴法是将染料和碱剂放在一起,采用的碱剂是小苏打,轧后经汽蒸或焙烘,小苏打分解出 Na_2CO_3,使 pH 升高,有利于染料固色,X 型活性染料多用一浴法。二浴法是经浸轧染料溶液后浸轧含碱剂的固色液,再汽蒸固色,采用的碱剂可以是纯碱或磷酸三钠,也可在第一浴中加入小苏打,第二浴固色时加纯碱。

在固色液中加入食盐是为了抑制染料的脱落。因染料对纤维有一定的直接性,轧槽内染液的平衡浓度一般低于补充液浓度。为了避免初开车时得色过深,应向轧槽内加水冲淡,一般加水量为染液的5%—20%。

我们的目标:

熟悉印染打样的基本操作;

会单色及塔色样卡制作;

会各种颜色的来样打样。

着手的任务:

准确地完成印染打样的基本流程;

准确完成对单色及塔色样卡的操作;

会进行来样打样。

任务1 活性染料轧染打样的基本步骤和计算

纤维制品的染色生产加工方法,根据加工方式不同分为浸染法和轧染法两大类。活性染料轧染就是将织物在染液中经过短暂的浸渍后,随即用轧辊轧压,将染液挤入纺织物的组织空隙中,并除去多余的染液,使染料均匀地分布在织物上。染料的上染是(或主要是)在之后诸如汽蒸或焙烘等处理过程中完成的,织物浸在染液里一般只需几秒到几十秒,浸轧后织物上带的染液即轧余率达75%左右。轧染是连续染色,染物所受的张力较大,通常用于机织物的大规模染色加工,劳动生产率较高。

一、轧染打样工艺

1. 工艺流程

织物准备→浸轧染液→烘干(无接触式)→浸轧固色液→汽蒸→水洗→皂洗→水洗→烘干。

2. 工艺处方及条件

活性染料轧染二浴法处方及工艺,如表2-4。

表2-4 活性染料轧染二浴法处方及工艺

用料		处方(g／L)		工艺条件
		浅	中深	浸轧方式:二浸二轧 温度(室温) 轧余率(70%)
轧染液	染料 润湿剂 5%海藻酸钠 尿素	10以下	10以上	
固色液	B型 元明粉	150	200	浸轧方式:二浸二轧 温度(室温)
	纯碱	30	40	汽蒸温度100℃—102℃ 汽蒸时间约2min

3. 皂洗工艺条件

浓度:2g/L

温度:95℃

时间:5min

二、轧染打样操作

1. 立式小轧车操作规程

（1）使用前做好清理、整洁工作，如轧辊、轧槽清洁等。

（2）开启电源。

（3）分别按动马达启动按钮、轧辊旋转方向按钮及加压按钮，使轧辊向正确方向旋转。

（4）向外轻拉调压阀，分别调整左右压力阀，顺时针方向为增加压力，逆时针方向为降低压力。调整后按卸压按钮，再按加压，重复2—3次，确定所调压力无误后，向里轻推调压阀。

（5）用试验用布浸渍、压轧、称重，计算轧余率。重复上述操作，直至轧液率符合试验要求，如图2-16。

图2-16　轧染操作

（6）浸轧织物，必要时可用少量浸轧液淋冲轧辊后浸轧织物。

（7）试验完毕，清洗压辊，按卸压按钮和马达停止按钮，然后切断电源。

2. 染液配置：计算染料和助剂用量，按准备好的染色方案，计算配制所需要的染液染料和助剂用量。

3. 织物准备：事先准备好棉织物小样（一般1g左右），无须事先润湿。

4. 将织物在配置待用的染液中短暂浸透后二浸二轧，使用悬挂式烘箱将织物加热均匀烘干，将待用固色液倒于织物上，用薄膜包好，挤干膜内空气，将织物放于130℃烘箱内蒸2min固色，水洗，皂洗，水洗，烘干，烫平。

三、整理贴样

将染色或固色后已经干燥的织物,裁剪成适合样式表格大小的整齐方形或花边方形,在裁好的方形反面边沿处涂抹固体胶或贴双面胶,粘贴在对应样卡上,写好配方。注意粘贴时,各浓度样织物纹路方向要一致。染色后的纱线可整理成小束后,扭成"8"字形等,用胶带粘贴在样卡对应处。

四、轧染化料和计算

1. 染料母液配置:浓度 30g/L,即称 15g 染料粉末化 500ml 染液,活性红黄蓝三色准备。

2. 助剂母液配置:Na_2SO_4、200g/L、Na_2CO_3 40g/L。

3. 染液体积计算。

例题:轧染时,要求活性红的浓度为 5g/L,活性红母液浓度为 30g/L,则需要移取活性红母液的体积为多少?

解:$V = 5g/L \times 30 \times 10^{-3}L \div 30g/L = 5 \times 10^3 L = 5mL$

加水:$30mL - 5mL = 25ml$

课后思考题

一、单选题

1. 轧染时,为防止活性染料的泳移,要在染液中加入( )。

A. 尿素   B. 防染盐 S   C. 海藻酸钠

2. 织物轧染时,应选择( )。

A. 直接性大的染料   B. 直接性小的染料   C. 不用考虑直接性

二、填空题

1. 染色方法有_____、_____两种。

2. 棉织物轧染时,若轧前织物重 4g,轧后织物重 6.8g,则轧液率为_____。

三、计算题

写出活性染料一浴法轧染工艺。

任务2 活性染料轧染棉织物单色样卡制作

一、实验目的

掌握活性染料轧染棉织物单色样卡的基本操作和制作技能,熟悉单色色样的基本色光和浓度变化规律,了解不同染料的提升力。

二、实验材料、仪器和药品

1. 实验材料:半成品纯棉织物。

2. 实验仪器:电子天平、立式小轧车、小型汽蒸箱、悬挂式烘箱、水浴锅、量筒,烧杯,洗耳球、电烫斗。

3. 实验药品:

活性红母液 30g/L

活性黄母液 30g/L

活性蓝母液 30g/L

纯碱、元明粉和皂片若干。

三、染色工艺

1. 工艺流程

织物准备→浸轧染液→烘干→浸轧固色液→汽蒸→水洗→皂洗→水洗→烘干。

2. 工艺配方

活性染料轧染单色小样计算。

(1)轧染液(如表2-5)。

表2-5 轧染液

活性红(染料浓度 g/L)	0.5	1	2	5	10	15	20	30
移取活性红母液(mL)								
水(mL)								

（2）固色液。

Na₂SO₄   200g/l

Na₂CO₃   40g/l

合成   30ml

（3）工艺条件。

织物1g

二浸二轧

烘干温度：80℃

烘干时间：5min

汽蒸温度：130℃（包膜）

汽蒸时间：2min

（4）皂洗工艺条件。

浓度：2g/L

温度：95℃

时间：5min

四、贴样参考（如表2-6）

表2-6　贴样参考

贴　样	贴　样	贴　样
配方：活性红 0.5g/L	配方：活性黄 0.5g/L	配方：活性蓝 0.5g/L
贴样	贴样	贴样
配方：活性红 1g/L	配方：活性黄 1g/L	配方：活性蓝 1g/L
贴样	贴样	贴样
配方：活性红 2g/L	配方：活性黄 2g/L	配方：活性蓝 2g/L
贴样	贴样	贴样
配方：活性红 5g/L	配方：活性黄 5g/L	配方：活性蓝 5g/L
贴样	贴样	贴样
配方：活性红 10g/L	配方：活性黄 10g/L	配方：活性蓝 10g/L
贴样	贴样	贴样
配方：活性红 15g/L	配方：活性黄 15g/L	配方：活性蓝 15g/L
贴样	贴样	贴样
配方：活性红 20g/L	配方：活性黄 20g/L	配方：活性蓝 20g/L
贴样	贴样	贴样
配方：活性红 30g/L	配方：活性黄 30g/L	配方：活性蓝 30g/L

课后思考题

一、单选题

1. 织物轧染烘干时,为防止织物上染料的泳移,烘筒温度通常应(　　　)。

    A. 前低后高　　　　　　　　B. 前高后低　　　　　　　　C. 前后一致

二、问答题

1. 请举例写出解决活性染料泳移的几种方法。

2. 写出还原染料悬浮体轧染工艺。

任务3 活性染料轧染棉织物塔式样卡与拼色

一、实验目的

学会活性染料轧染棉多色打样,学会塔式样卡的制作,了解颜色变化的趋势。

二、拼色

拼色是一项复杂、细致而又重要的工作,打样人员除了应具备色彩基本知识、敏锐的辨色能力外,还应掌握拼色基本原理、规则等,并需要不断积累打样素材及经验。(见项目一任务3)

三、塔式样卡计算

设定塔式样卡的总浓度为30g/L(移取母液的总体积为30mL),规定浓度递变梯度为总浓度的1/10,如图2-17所示,绘制一个等边三角形,其中Y表示黄色,R表示红色,B表示蓝色。

Y10表示黄色的染料10份,需要移取黄色染料母液30mL;Y7 B3表示黄色7份,蓝色3份,需要移取黄色染料母液21mL,蓝色染料母液移取9mL;Y4 R2 B4表示黄色4份,红色2份,蓝色4份,需要移取黄色染料母液12mL,红色染料母液移取6mL,蓝色染料母液12mL。

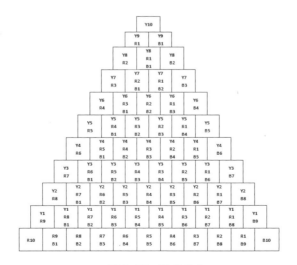

图2-17 塔式样卡

课后思考题

一、单选题

活性染料轧染中固色液里元明粉的作用是（　　　）。

A. 促染　　　　　B. 缓染　　　　　C. 匀染　　　　　D. 防止染料溶落

二、填空题

1. 浸染时染料浓度一般用_____表示，轧染时染料浓度一般用_____表示。

2. 活性染料轧染中，尿素有_____、_____和促进纤维溶胀的作用。

任务4 活性染料轧染棉织物单色来样打样

通过简单的实验了解仿色打样的基本知识,通过对色三角的认识,以及对来样的分析就能打出符合标准的样品。

一、单色样布(如图2-18)

红色　　　　　黄色　　　　蓝色

图2-18　单色样布

二、根据单色样色卡,初步确定染色配方

单色参考样如图2-29。

图2-19　单色参考样

配方初步为:活性黄   3.5g/L

              元明粉   150g/L

              纯碱   3g/L

三、染色操作

根据染色工艺,染出小样。

四、对色

染色结束后,将染好的小样经水洗后烘干处理,与来样进行对色。为了保证对色结果的一致性,在视觉评定颜色时,必须在客户指定的光源下对色,避免因光源不标准或光源不同而造成视觉上的差异。

标准灯箱应正确放置。使用时先将窗帘拉上,隔离所有光源,将小样与来样并列在同位置对色,位置在箱子中间以90度放置,对色距离随颜色深浅0—25cm做适度调整,对色角度以不反光为原则,箱内不可多放其他布料,并保持滤镜玻璃光亮,标准灯箱先用UV光源检查布块是否带荧光,如图2-20所示。

图2-20　棉对色操作

常用的标准光源有D65、TL84、CWF等,选用合适的对色角度:光源角度45度,视角0度。对色完成后,做好记录。确定来样打样是否成功。如不成功,则修改配方,重新进行来样打样。

课后思考题

一、判断题(下列判断正确的打"√",错误的打"×")

　　1. 轧染是连续式生产,劳动效率高,适合大批量生产。　　　　(　)

　　2. 活性染料轧染加入尿素,能够帮助染料溶解,同时提高染料固着率。(　)

　　3. 轧染后急剧而又不均匀的烘燥,会造成染料泳移。　　　　(　)

二、问答题

　　活性染料轧染时,汽蒸的作用是什么?

任务5 活性染料轧染棉织物双色来样打样

一、双色样布(如图2-21)

绿色   橙色   紫色

图2-21 双色样布

二、根据塔式样卡,初步确认染色配方

塔式参考样,如图2-22。

图2-22 塔式参考样

配方初步为:活性红   12g/L

    活性黄   8.3%

    元明粉   200g/L

    纯碱   40g/L

三、染色操作

根据染色工艺,染出小样(具体内容见模块二项目二任务2)。

四、对色

染色结束后,将染好的小样经水洗后烘干处理,在标准灯箱下,与来样进行对色(如图2-23)。确定来样打样是否成功。如不成功,则修改配方,重新进行来样打样。

图2-23　对色

如染色小样颜色淡,则修改配方时需要加成,例如蓝色加一成、红色加半成。

计算如下:活性蓝 $0.74\% \times 1.1 = 0.814\%$;活性红 $0.46\% \times 1.05 = 0.483\%$。

如染色小样颜色浓,则修改配方时需要减成,例如蓝色减一成、红色减半成。

计算如下:活性蓝 $0.74\% \times 0.9 = 0.666\%$;活性红 $0.46\% \times 0.95 = 0.437\%$。

课后思考题

计算题

现有棉织物轧染下列配方:活性蓝   0.56%

活性红   0.98%

元明粉   200g/L

纯碱   40g/L

棉织物染色后发现颜色色泽一致,但总体颜色偏深,你应如何操作?

任务6 活性染料轧染棉织物三色来样打样

一、三色样布

黄棕色　　　　　　　　红灰色　　　　　　　　蓝灰色

图2-24　三色样布

二、根据塔式样卡,初步确认染色配方

塔式参考样,如图2-25。

图2-25　塔式样卡

配方初步为:活性红　　　　3g/L

活性黄　　　　10g/L

活性蓝　　　　9g/L

元明粉　　　　200g/L

纯碱　　　　　40g/L

三、染色操作

根据染色工艺,染出小样(具体内容见模块二项目二任务2)。

四、对色

染色结束后,将染好的小样经水洗后烘干处理,在标准灯箱下,与来样进行对色。确定来样打样是否成功。如不成功,则修改配方,重新进行来样打样。

五、样布收集(样本)

详见模块二项目一任务6。

课后思考题

一、问答题

分析棉布轧染小样色花形成原因。

二、收集样布

要求每人一周收集20块样布。

项目三 分散染料浸染涤纶织物打样

情 景 聚 焦

涤纶属于疏水性纤维,结构紧密、吸湿性低,纤维缺乏与染料发生结合的基团,不能使用水溶性染料染色,只能使用分子量小、分子结构简单、不含强离子水溶性基团、溶解度较低的非离子分散染料染色。分散染料染涤纶的方法有高温高压染色法、热溶染色法和载体染色法三种方法,前两种是分散染料染色最重要的方法,而我们实训室常用高温高压染色法。

高温高压染色法在高温有压力的湿热状态下进行。分散染料在100℃以内上染速率很慢,即使在沸腾的染浴中染色,上染速率和上染百分率也不高,必须加压到2atm(2.02×105Pa)以下,染浴温度提高到120℃—130℃。由于温度提高,水对纤维的增塑膨化作用也增加,纤维大分子的链段剧烈运动,产生的瞬时孔隙也越多越大,此时染料分子扩散增快,增加了染料向纤维内部的扩散速率,使染色速率加快,直至染料被吸尽。染色完成后,染液降温至涤纶的玻璃化温度以下,染料被牢牢凝固在纤维固体内,从而获得更高的染色牢度。

分散染料的高温高压染色法是一种重要的方法,适合升华牢度低和分子量较小的低温型染料品种。用这类染料染色匀染性好,染料利用率高,色谱齐全,色泽浓艳,手感良好,织物透芯程度高,匀染性好,适合于小批量、多品种生产;且此法是间歇式生产,生产效率较低,需要压力设备。

高温高压染色法除用于涤纶纺织品的染色外,还用于涤纶混纺织物、其他合纤的纱线、针织物的染色。

我们的目标:

熟悉印染打样的基本操作;

会单色及塔色样卡制作;

会各种颜色的来样打样。

着手的任务:

准确完成印染打样的基本流程;

准确完成对单色及塔色样卡的操作;

会进行来样打样。

任务1 分散染料浸染涤纶织物打样的基本步骤和计算

分散染料浸染涤纶织物常采用高温高压染色法。在分散染料悬浮液中,有少量染料单分子,还有染料颗粒及胶束中的染料。染色时染料单分子被纤维表面吸附,接着向纤维内部扩散。随着染液中染料分子不断上染纤维,染液中的染料颗粒不断溶解,胶束中的染料也不断释放出染料单分子,又被吸附并继续扩散,最后完成上染过程。

分散染料对涤纶有很好的亲和力。在高温条件下,涤纶纤维无定形区分子链段运动加剧,纤维结构内形成许多可以容纳染料分子的"孔隙",同时,染料分子的动能增加,加速向纤维大分子内部扩散。染色完成后,染液迅速降温至涤纶的玻璃化温度以下,分散染料分子被牢牢凝固在纤维固体内,从而获得很高的染色牢度。

一、浸染打样的基本步骤

1. 浸染打样基本步骤

织物准备→染液配制→进锅→染色→冷却→出锅→水洗后烘干处理→贴样。

2. 具体操作步骤

(1)织物准备。

将事先准备好的织物(或纱线)小样称好重量(一般为2.00g,如图2-26),放入温水(40℃左右)中润湿浸透,挤干,待用。

图2-26 称布

（2）染液配制。

根据染色工艺处方及条件计算出各用剂的量,选择合适的吸管量取各用剂于红外线小样机钢杯中。加料顺序为先加醋酸、平平加O,再加染料母液,最后加入水,配制好染液待用,如图2-27。

图2-27 配液操作

（3）红外线小样机准备。

开启小样机,编制好染色程序待用,如图2-28。

图2-28 红外线小样机操作

（4）染色操作。

将已配制好染液的钢杯装入红外线小样机内，运行红外线小样机，根据设定温度规定染色时间，如图2-29。

图2-29　降温出缸

（5）出锅。

待设备温度降低至70℃以下，戴好手套取出钢杯，放入冷水中冷却至室温，打开钢杯取出织物。洗布操作如图2-30。

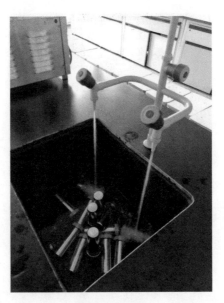

图2-30　洗布

（6）水洗后烘干处理。

涤纶染色中，深色产品都要进行还原清洗，以除去浮色和其余残留物，还原清洗可用纯碱 2g/L、保险粉 1g/L、净洗剂 0.3g/L，于 80℃下处理 20min，再热水洗、冷水洗；浅色产品用净洗剂 0.5g/L 在 60℃—70℃下处理 10min，再冷水洗净，或直接冷水洗净。最后烘干或电熨斗熨干。

（7）整理贴样。

将染色或固色后已经干燥的织物，裁剪成适合样式表格大小的整齐方形或花边方形，在裁好的方形反面边沿处涂抹固体胶或贴双面胶，粘贴在对应样卡上，写好配方。注意粘贴时，各浓度样织物纹路方向要一致。染色后的纱线可整理成小束后，扭成"8"字形等，用胶带粘贴在样卡对应处。

二、浸染法打样的计算

1. 浴比计算

浸染时，确认浴比为 1:50，织物称 2.00g，则需要配制染液多少毫升？

解：需要配制染液的体积为：$50 \times 2.00 = 100$（mL）。

2. 染料浓度计算

浸染时，分散红 3B 的浓度为 1.0%，织物为 2.00g，分散红 3B 母液浓度为 2g/L，则需要移取分散红母液的体积为多少？

解：分散红 3B 的浓度为 1.0%，表示分散红 3B 相对织物百分比为 1.0%。

$1.0\% = \dfrac{染料的质量}{织物的质量} \times 100\%$，织物的质量为 2.00g，

需要分散红染料的质量为：$2.00g \times 1.0\% = 0.02g$。

需要移取活性红母液的体积为：$\dfrac{0.02g}{2g/L} = 0.01L = 10mL$。

课后思考题

一、单选题

1. 分散染料高温高压法染色时,设定浴比为1:40,称取织物2.00g,则染液体积为( )。

    A. 20mL   B. 40mL   C. 80mL

2. 红外线小样机出锅温度需降至( )。

    A. 80℃   B. 100℃   C. 130℃

二、填空题

1. 高温型分散染料适宜的染色温度为_____,中温型为_____,低温型为_____。

2. 分散染料染色染液 pH 为_____。

3. 涤纶染色中深色产品都要进行_____,以除去_____。

三、计算题

分散染料高温高压法染色时,分散蓝2BLN的浓度为1.12%,织物为2.00g,分散蓝2BLN母液浓度为2g/L,则需要移取分散蓝2BLN母液的体积为多少?

任务2 分散染料浸染涤纶织物单色样卡制作

一、实验目的

1. 掌握分散染料浸染涤纶织物高温高压法染色工艺及操作。

2. 观察织物单色样卡色光变化。

3. 掌握织物单色色光变化规律。

二、实验仪器

红外线小样机、钢杯、水浴锅、电子天平、玻璃仪器、洗耳球、电烫斗等。

三、药品和助剂

分散红母液（2g/L）、分散黄母液（2g/L）、分散蓝母液（2g/L）、醋酸（1%）、平平加 0（10g/L）等。

四、染色工艺

1. 工艺流程

织物准备→染液配制→进锅→染色→冷却→出锅→水洗后烘干处理→贴样。

2. 工艺配方（如表2-7）

表2-7 工艺配方

分散染料（染料浓度%）	0.05%	0.1%	0.4%	0.8%	1.2%	1.5%	2.0%	3.0%
移取分散染料母液（mL）								
平平加 0（g/L）								
加平平加 0体积（mL）								
醋酸（ml/L）								
加醋酸体积（mL）								
水（mL）								

分散染料　　x%

平平加0　　　0—0.5g/L

醋酸　　　　0.3—0.6ml/L

3. 工艺条件

T$_{染色}$ = 130℃　t$_{染色}$ = 15—30min　织物2.00g　浴比：1：50

五、贴样参考（如表2-8）

表2-8　贴样参考

贴　样	贴　样	贴　样
配方：分散红0.05%	配方：分散黄0.05%	配方：分散蓝0.05%
贴样	贴样	贴样
配方：分散红0.1%	配方：分散黄0.1%	配方：分散蓝0.1%
贴样	贴样	贴样
配方：分散红0.4%	配方：分散黄0.4%	配方：分散蓝0.4%
贴样	贴样	贴样
配方：分散红0.8%	配方：分散黄0.8%	配方：分散蓝0.8%
贴样	贴样	贴样
配方：分散红1.2%	配方：分散黄1.2%	配方：分散蓝1.2%
贴样	贴样	贴样
配方：分散红1.5%	配方：分散黄1.5%	配方：分散蓝1.5%
贴样	贴样	贴样
配方：分散红2%	配方：分散黄2%	配方：分散蓝2%
贴样	贴样	贴样
配方：分散红3%	配方：分散黄3%	配方：分散蓝3%

课后思考题

一、单选题

1. 分散染料高温高压法染涤纶织物时,以下加醋酸作用错误的是( )。

A. 促染   B. 调 pH   C. 缓染

2. 分散染料高温高压法染涤纶织物时,以下加平平加 O 作用正确的是( )。

A. 促染   B. 匀染   C. 缓染

二、填空题

1. 分散染料涤纶织物染色,染液 pH 为＿＿＿＿＿＿＿＿。过低,会＿＿＿＿＿＿＿＿;
过高,会＿＿＿＿＿＿＿＿。

2. 分散染料高温高压法染色,染色温度一般控制在＿＿＿＿＿＿＿＿。

三、问答题

1. 分散染料高温高压法浸染染色时,染色浓度和保温时间的关系是怎样的?

2. 分散染料高温高压法浸染染色时,颜色的浓淡程度与染料浓度有什么关系?

任务3 分散染料浸染涤纶织物塔式样卡与拼色

一、实验目的

1. 熟练掌握分散染料浸染涤纶织物高温高压法染色工艺及操作。

2. 观察涤纶织物塔式样卡色光变化。

3. 掌握涤纶织物色光变化规律。

二、拼色原理

拼色是一项复杂、细致而又重要的工作。打样人员除了应具备色彩基本知识、敏锐的辨色能力外,还应掌握拼色基本原理、规则等,并需要不断积累打样素材及经验(见项目一任务3)。

三、塔式样卡计算

详细内容见模块二项目二任务3,学生作品如图2-31所示。

图2-31 学生作品展示

四、分散染料染色工艺曲线(如图2-32)

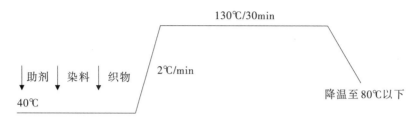

图2-32 分散染料染色工艺曲线

课后思考题

一、单选题

1. 染色时,分散红与分散蓝一起拼色,将得到(　　　)。

　A. 紫色　　　　　　　　　B. 橙色　　　　　　　　　C. 绿色

2. 橙色的余色是(　　　)。

　A. 红色　　　　　　　　　B. 黄色　　　　　　　　　C. 蓝色

二、填空题

1. 印染厂常用的三原色为＿＿＿＿＿＿＿＿、＿＿＿＿＿＿＿＿、＿＿＿＿＿＿＿＿。

2. 塔式样卡中的Y是＿＿＿＿＿＿＿＿,R是＿＿＿＿＿＿＿＿,B是＿＿＿＿＿＿＿＿。

三、问答题

1. 简述拼色的基本原则。

2. 计算塔式样卡中各点染化用剂的量。

任务4 分散染料浸染涤纶织物单色来样打样

一、单色样来样(如图2-33)

图2-33 单色样来样

二、对色

将来样与标准样卡(图2-34)对比,观察织物色光的差异,初步确定打样的配方,并记录在本子上。

图2-34 标准样卡

配方初步为：分散红   0.5%

     HAC   0.5ml/L

     平平加O   0.5g/L

三、染色

根据初步定的染色工艺及操作，染出小样。

四、对色

染色结束后，将染好的小样经水洗后烘干处理，与来样进行对色。为了保证对色结果的一致性，在视觉评定颜色时，必须在客户指定的光源下对色，避免因光源不标准或光源不同而造成视觉上的差异。

标准灯箱应正确放置，使用时先将窗帘拉上隔离所有光源，将小样与来样并列在同位置对色，位置在箱子中间以90度放置，对色距离随颜色深浅在0—25cm做适度调整，对色角度以不反光为原则，箱内不可多放其他布料，并保持滤镜玻璃光亮，标准灯箱先用UV光源检查布块是否带荧光，如图2-35。常用的标准光源有D65、TL84、CWF等，选用合适的对色角度：光源角度45度，视角0度。对色完成后，做好记录。确定来样打样是否成功。如不成功，则修改配方，重新进行来样打样。

图2-35　涤纶对色操作

五、工艺调整

将打出的样与来样对比，观察织物色光的差异，重新调整工艺。

六、打样

根据已调整的工艺重新打样，直至打出样色光与来样色光相近或相同，或客户确认为止。

课后思考题

一、单选题

1. 印染厂来样打样时,来样来自(　　　)。

　　A. 客户　　　　　　　　B. 印染厂　　　　　　　　C. 每人自带

2. 印染厂对色,一般在(　　　)下进行。

　　A. 标准灯箱　　　　　　B. 太阳光　　　　　　　　C. 电灯

二、填空题

1. 如印染厂无标准灯箱,白天可用＿＿＿＿＿＿＿＿对色,晚上可用＿＿＿＿＿＿＿＿对色。

2. 标准灯箱常用的光源有＿＿＿＿＿＿＿＿、＿＿＿＿＿＿＿＿、＿＿＿＿＿＿＿＿。

三、问答题

1. 简述来样打样的的基本过程。

2. 简述对色的基本操作。

任务5 分散染料浸染涤纶织物双色来样打样

一、双色样来样（如图2-36）

图2-36 双色样来样

二、对色

将来样与标准样卡（图2-37）对比，观察织物色光的差异，初步确定打样的配方，并记录在本子上。

图2-37 标准样卡

配方初步为:分散红　　　　0.55%

　　　　　　分散黄　　　　0.45%

　　　　　　平平加O　　　　0.5g/L

　　　　　　HAC　　　　　　0.5ml/L

三、染色

根据初步定的染色工艺及操作,染出小样。

四、对色

染色结束后,将染好的小样经水洗后烘干处理,在标准灯箱下,与来样进行对色。确定是否来样打样成功。如不成功,则修改配方,重新进行来样打样。

如染色小样颜色淡,则修改配方时需要加成,例如黄色加一成、红色加半成。

计算如下:分散红 $0.55\% \times 1.1 = 0.605\%$;分散黄 $0.45\% \times 1.05 = 0.4725\%$ 。

如染色小样颜色浓,则修改配方时需要减成,例如蓝色减一成、红色减半成。

计算如下:分散红 $0.55\% \times 0.9 = 0.495\%$;分散黄 $0.45\% \times 0.95 = 0.4275\%$ 。

五、工艺调整

将打出的样与来样对比,观察织物色光的差异,重新调整工艺。

六、打样

根据已调整的工艺重新打样,直至打出样色光与来样色光相近或相同,或客户确认为止。

课后思考题

一、单选题

1. 分散红 1.2%，需要加两成，变成（　　　　）。

　　A. 1.44%　　　　　　　　　B. 1.8%　　　　　　　　　C. 1.7%

2. 活性红 1.46%，需要减三成，变成（　　　　）。

　　A. 2.16%　　　　　　　　　B. 1.022%　　　　　　　　C. 1.72%

二、填空题

1. 紫色样布打样后，发现红光偏重，则应把红色染料做_____处理。

2. 绿色样布打样后，发现黄光偏少，则应把黄色染料做_____处理。

三、计算题

现有下列配方：分散蓝　　　　1.54%

　　　　　　　　分散红　　　　0.25%

　　　　　　　　HAC　　　　　0.5ml/L

　　　　　　　　平平加 0　　　0.5g/L

棉织物染色后发现颜色色泽一致，但总体颜色偏深，你应如何操作？

任务6 分散染料浸染涤纶织物三色来样打样

一、三色样来样(如图2-38)

图2-38 三色样来样

二、对色

将来样与标准样卡(如图2-39)对比,观察织物色光的差异,初步确定打样的配方,并记录在本子上。

图2-39 标准样卡

配方初步为:分散红　　0.7%

分散黄　　0.05%

分散蓝　　0.02%

HAC　　　0.5ml/L

三、染色

根据初步定的染色工艺及操作,染出小样。

四、对色

染色结束后,将染好的小样经水洗后烘干处理,在标准灯箱下,与来样进行对色。确定来样打样是否成功。如不成功,则修改配方,重新进行来样打样。

五、工艺调整

将打出的样与来样对比,观察织物色光的差异,重新调整工艺。

六、打样

根据已调整的工艺重新打样,直至打出样色光与来样色光相近或相同,或客户确认为止。

七、样布收集(如图2-40)

图2-40　样布收集

课后思考题

一、单选题

1. 分散染料上染涤纶纤维,在纤维内部扩散的形式是( )状态。

   A. 染料颗粒　　　　　　　B. 单分子　　　　C. 颗粒聚集体　　　D. 离子

2. 染料与纤维间的作用力类型有( )等。

   A. 分子间作用力　　　　　　　　　　　B. 共价键、离子键及配位键

   C. 范德华力、氢键、共价键、离子键、配位键　　D. 氢键、共价键

二、判断题(下列判断正确的打√,错误的打×)

1. 织物染色时,染料的吸附和扩散是分阶段进行的。　　　　　　　　(　)

2. 嫩黄比金黄红光较大。　　　　　　　　　　　　　　　　　　　(　)

3. 配色时无论固体染料浓度是多少,都可以用电子天平来精确称量。　　(　)

4. 用下面的处方打小样,可以得到黑色。　　　　　　　　　　　　(　)

   分散兰 2BLN　　　　5%(O.W.F.)

   分散红 3B　　　　　2%(O.W.F.)

   分散黄 RGFL　　　　1%(O.W.F.)

三、简述题

   如何提高打小样的重现性?

任务7 分散染料浸染涤纶织物深色来样打样

一、深色样来样(如图2-41)

图2-41 深色样来样

二、对色

将来样与标准样卡(如图2-42)对比,观察织物色光的差异,初步确定打样的配方,并记录在本子上。

图2-42 标准样卡

配方初步为:分散红　　　0.5%

　　　　　分散黄　　　1.5%

　　　　　分散蓝　　　1.5%

　　　　　HAC　　　　0.5ml/L

三、染色

根据初步定的染色工艺及操作,染出小样。

四、对色

染色结束后,将染好的小样经水洗后烘干处理,在标准灯箱下,与来样进行对色。确定来样打样是否成功。如不成功,则修改配方,重新进行来样打样。

五、工艺调整

将打出的样与来样对比,观察织物色光的差异,重新调整工艺。

六、打样

根据已调整的工艺重新打样,直至打出样色光与来样色光相近或相同,或客户确认为止。

课后思考题

一、单选题

1. 光谱色中无相对应波长的色调是( )。

   A. 紫色   B. 红色   C. 绿色   D. 红紫色

2. 可见光的波长范围在( )。

   A. 380—780nm   B. 780—1000nm

   C. 380—480nm   D. 335—365nm

二、判断题(下列判断中正确的打√,错误的打×)

1. 在安排染色产品生产时,尽量从浅色到深色,这样能缩短机台的清洁工作时间。

   ( )

2. 打浅淡色浸染小样时,染料母液浓度宜配制低些。 ( )

3. 力份是指商品染料中纯染料的百分含量。 ( )

三、简述题

简述分散染料的类型及特点,写出分散染料热熔法染色的工艺流程及主要工艺条件。

项目四　涤/棉混纺产品打样

❖ 任务 1　分散/活性染料浸染涤/棉混纺产品套色工艺

❖ 任务 2　分散/活性染料浸染涤/棉混纺产品来样打样

情 景 聚 焦

涤棉(T/C)混纺材料的纺织品,在纺织品消耗总量中占很大比例。由于涤、棉两种纤维性能差异大,染色时要求的pH值、温度不同,染色工艺相对复杂,生产单位需要根据自己的设备情况制定工艺。近年来,性能优良的染料不断问世,使T/C混纺织物染色工艺得以不断优化。

涤纶是疏水性纤维,结构紧密,使用分散染料染色。染色须在高温高压(130℃)或热熔焙烘(180℃以上)条件下进行。在高温下,纤维大分子链段振动频率增大,出现了许多允许染料通过和容纳染料的空隙,温度越高染料扩散越快。温度降到玻璃化温度以下时,染料分子便固定在纤维中。

棉纤维可以用直接、活性、还原等多种染料染色,染色工艺可以是轧染法和浸染法,常温染色。选择棉用染料一般根据色相和要求的色牢度、深度而定。

为了满足涤棉混纺织物中两种纤维同时染色又都不受损伤的要求,涤棉中的涤纶组分可以用分散染料,采用高温高压法或热熔法及载体法进行染色。

高温高压染色法是把涤纶放在密闭的高温高压溢流染色机中染色的方法。棉组分可根据织物风格的不同进行留白,或用染色较高的棉用染料,如还原、活性等染料进行套染,得到单色或双色效果。涤棉织物浸染染色可分一浴法和二浴法两种。

一浴法染色:两种染料和助剂放在同一染浴内,染后分别处理,使两种纤维着色。

分散/活性混纺一浴法工艺流程为:分散染涤→活性混纺染棉→还原清洗。

二浴法染色:先用分散染料染涤纶(用高温高压法或热熔法),然后以棉用染料套染棉(用浸染、卷染或悬浮体去染棉),分浴进行,在染色中间进行还原清洗。

分散/活性二浴法工艺流程为:分散染涤→还原清洗→活性染棉。

我们的目标:

熟悉印染打样的基本操作;

会各种颜色的来样打样。

着手的任务:

准确地完成印染打样的基本流程;

会进行来样打样。

任务1 分散/活性染料浸染涤/棉混纺套色工艺

一、实验目的

学会用分散/活性混纺二浴法浸染工艺为涤/棉混纺织物配色,分散染料浸染涤活性套棉,颜色符合打样要求,提高同学们的对色反应和配色能力。

二、实验仪器

水浴锅、电子天平、玻璃仪器、洗耳球、电烫斗和红外线染色机。

三、药品和助剂

活性红、活性黄、活性蓝、分散红3B、分散黄RGFL、分散蓝2BLN、醋酸、纯碱、元明粉和皂片、涤/棉65/35半成品布。

四、准备

1. 染料母液配置。
2. 助剂母液配置。

五、参考染色工艺

1. 分散染料浸染涤棉混纺织物。

流程:调色→染色→水洗。

处方:分散染料 　　　X%

条件:T 　　　130℃

　　　t 　　　20min

　　　浴比 　　　1:30

　　　织物 　　　2g

2. 活性染料浸染涤棉混纺织物。

流程:调色→染色→固色→水洗→皂洗→水洗→烘干。

处方:活性染料   Y%

      Na_2CO_3 10—20g/L

      元明粉   20—30g/L

条件:染 = T固   60℃

      t   30min

      浴比   1:50

3. 皂洗工艺。

浴比   1:50

$T_{皂洗}$ 95℃

$t_{皂洗}$ 5min

六、活性染料染色操作工艺曲线(如图2-43)

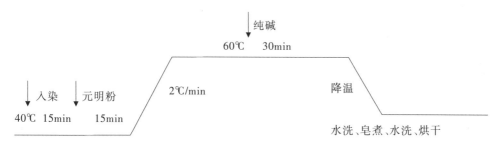

图2-43 活性染料染色操作工艺曲线

七、分散染料染色操作工艺曲线(如图2-44)

图2-44 分散染料染色操作工艺曲线

课后思考题

一、单选题

1. 分散染料浸染涤棉织物时,还原清洗的目的是(　　)。

　　A. 去除浮色　　　　　　　　　B. 剥色　　　　　　　　　　C. 清洗织物

2. 活性染料套染涤棉织物时,加纯碱的目的是(　　)。

　　A. 促染　　　　　　　　　　　B. 固色　　　　　　　　　　C. 缓染

二、填空题

1. 分散活性浸染涤棉织物时,如先染棉,后染涤纶,则要求活性染料_____

　　_____。

2. 分散活性浸染涤棉织物时,先用分散染涤,后棉织物不染色,则这种情况叫_____

　　_____。

三、问答题

1. 写出分散活性浸染涤棉织物时,染涤后还原清洗的工艺。

2. 简述涤棉织物浸染一浴法和二浴法的区别。

任务2　分散/活性染料浸染涤/棉混纺产品来样打样

　　来样打样,即仿色打样,是混纺织物(如图2-45)染色大生产前的先锋实验。目的是通过小样实验,找出能够达到客户质量要求,并且质量稳定、经济性又好的最佳染色用料、染色工艺和染色配方,是作为大样投产时的工艺依据。实践证明,仿色小样的成功是大样染色成功的前提与保证。

　　来样打样过程必须根据加工对象选择染料和助剂,制定合适的染色工艺,确定准确的染色配方。来样打样是印染厂的基础性工作,直接关系到大生产的综合效果。仿色打样人员应具有一定的配色理论知识,掌握打样的基本流程和工艺。

　　活性/分散染料对纯棉织物来样打样,参考涤和棉单一成分单色样卡、塔式样卡中颜色的变化趋势,染色中用同种染料的不同颜色以一定比例进行混合、拼色。

图2-45　混纺织物

一、涤纶组分对色调色确定染色配方

配方初步为:分散红　　　0.03%

　　　　　　分散黄　　　0.15%

　　　　　　分散蓝　　　0.32%

　　　　　　醋酸　　　　0.5ml/L

仿样结果如图2-46所示。

图2-46　仿样结果

二、棉组分对色调色确定套色配方

配方初步为：活性黄　　　0.11%

活性蓝　　　0.38%

元明粉　　　30g/L

纯碱　　　　20g/L

套色结果如图2-47所示。

图2-47　套色结果

三、对色

染色结束后，将染好的小样经水洗后烘干处理，与来样进行对色。为了保证对色结果的一致性，在视觉评定颜色时，必须在客户指定的光源下对色，避免因光源不标准或光源不同而造成视觉上的差异。确定来样打样是否成功。如不成功，则修改配方，重新进行来样打样。

课后思考题

一、单选题

1. 分散/活性染料浸染涤棉混纺常采用(　　)。

　　A. 二浴法　　　　　　　　　　B. 一浴法

2. 分散染料单染涤一般(　　)。

　　A. 分散染料　　　　　　B. 活性染料　　　　　　C. 酸性染料

二、问答题

　　写出分散/活性染料二浴法浸染染涤棉混纺小样工艺所用的(1)原材料;(2)玻璃仪器;(3)实验设备。

模块三　印花

项目一　活性染料直接印棉织物打样

- ❖ 任务 1　活性染料直接印花的基本步骤和计算
- ❖ 任务 2　活性染料直接印花单色样卡制作
- ❖ 任务 3　活性染料直接印花塔式样卡与拼色
- ❖ 任务 4　活性染料直接印花来样打样

任务1 活性染料直接印花的基本步骤和计算

纤维制品的印花生产加工方法,根据印花方法的不同分为四大类:直接印花、拔染印花、防染印花、防印印花。相对于其他三种印花方法,直接印花由于工艺简单、成本低等特点,故广泛用于各类织物的印花。

直接印花的基本步骤可表示为:织物准备→配制印花色浆→印花操作→汽蒸后烘干处理→整理贴样,具体操作步骤如下:

1. 织物:准备长约40cm,宽约5cm的纯棉,待用。

2. 海藻酸钠糊制备:

海藻酸钠	6%
水	X
合成	100g

3. 配制印花色浆:根据染料浓度、糊料用量、尿素、小苏打用量配制印花色浆。

4. 印花操作:采用印花专用的筛网,把印花原糊导入筛网一边,然后用刮刀来回刮印一次即可。样布放到汽蒸箱,102℃—104℃汽蒸5min,拿出来水洗、皂洗、水洗、烘干即可。

5. 整理贴样:将印花后已经干燥的织物,裁剪成适合样式表格大小的整齐方形或花边方形,在裁好的方形反面边沿处涂抹固体胶或贴双面胶,粘贴在对应样卡上,写好配方。注意粘贴时,各浓度样织物纹路方向要一致。

课后思考题

一、单选题

1. 印制白地或白地面积较大的花样最适宜的印花方法为(　　)。

A. 直接印花　　　　　　　B. 拔染印花　　　　　　　C. 转移印花

2. 蒸化温度过高、时间长,那么(　　)。

A. 图案清晰度差　　　　　B. 块面均匀性好　　　　　C. 无影响

二、填空题

1. 根据印花工艺的不同,印花方法一般可分为直接印花法、_____、_____

和_____。

2. 印花色浆是由_____、_____、_____组成。

三、问答题

分析活性染料一相法印棉工艺流程、处方及条件。

任务2 活性染料直接印花单色样卡制作

一、实验目的

赋予织物有牢固性的单色,印出不同浓度的单色样卡,了解不同染料的提升力。

二、实验仪器

电子天平、玻璃仪器、汽蒸箱、烘箱和印花筛网刮刀。

三、药品和助剂

活性红母液(30g/L)、活性黄母液(30g/L)、活性蓝母液(30g/L)、尿素、小苏打、海藻酸钠糊和皂片。

四、印花工艺

1. 工艺流程。

织物准备→印花→固色→水洗→皂洗→水洗→烘干。

2. 工艺处方。

活性染料	X%(0.05%、0.1%、0.5%、1.0%、1.5%、2%)
海藻酸钠糊	60%
尿素	2%
小苏打	2%
水	Y
合成	100%(30g)

3. 工艺条件。

烘干	80℃/5min
汽蒸	102℃—104℃/5min

五、贴样参考(如表3-1)

表3-1　贴样参考

贴　样	贴　样	贴　样
配方:活性红0.05%	配方:活性黄0.05%	配方:活性蓝0.05%
贴样	贴样	贴样
配方:活性红0.1%	配方:活性黄0.1%	配方:活性蓝0.1%
贴样	贴样	贴样
配方:活性红0.5%	配方:活性黄0.5%	配方:活性蓝0.5%
贴样	贴样	贴样
配方:活性红1.0%	配方:活性黄1.0%	配方:活性蓝1.0%
贴样	贴样	贴样
配方:活性红1.5%	配方:活性黄1.5%	配方:活性蓝1.5%
贴样	贴样	贴样
配方:活性红2%	配方:活性黄2%	配方:活性蓝2%
贴样	贴样	贴样

课后思考题

一、单选题

1. 下列关于活性染料印花说法中,不正确的是( )。

    A. 纤维与染料发生共价结合   B. 酸性条件下结合   C. 皂洗牢度好

2. 活性染料印花中,尿素作用说法不正确的是( )。

    A. 吸湿   B. 助溶   C. 氧化

二、填空题

1. 海藻酸钠是印花常用糊料,具有渗透性_____,洗涤性_____,印制花纹_____的特点。

2. 乳化糊是染料印花常用糊料,有_____和_____两种类型。

三、问答题

简述活性染料一相法印花调浆操作。

任务3 活性染料直接印花塔式样卡与拼色

一、实验目的

赋予织物有牢固性的各种颜色,塔式样卡的制作,了解颜色变化的趋势。

二、拼色

拼色是一项复杂、细致而又重要的工作。打样人员除了应具备色彩基本知识、敏锐的辨色能力外,还应掌握拼色基本原理、规则等,并需要不断积累打样素材及经验(见模块二项目一任务3)。

三、塔式样卡计算

详细内容见模块二项目二任务3。

课后思考题

一、单选题

1. 下列最合适活性染料印花的糊料是(　　)。

　　A. 海藻酸钠　　　　　　B. 乳化糊　　　　　　C. 淀粉　　　　　　D. 合成龙胶

2. 以下印花方法成品不必经过水洗的是(　　)。

　　A. 转移印花　　　　　　B. 平网印花　　　　　　C. 滚筒印花

二、填空题

1. 活性染料印花时,加入碳酸氢钠的作用为_____,防染盐S的作用为_____。

2. 印花设备筛网印花机分为_____印花机和_____印花机。

三、问答题

简述活性染料一相法印棉各用剂的作用。

任务4 活性染料直接印花来样打样

来样打样，即仿色打样，是织物印花大生产前的先锋实验。其目的是通过小样实验，找出能够达到客户质量要求，并且质量稳定、经济性又好的最佳印花用料、印花工艺和印花配方，是作为大样投产时的工艺依据。实践证明，仿色小样的成功是大样印花成功的前提与保证。

来样打样过程必须根据加工对象选择染料和助剂，制定合适的印花工艺，确定准确的印花配方。仿色打样是印染厂的基础性工作，直接关系到大生产的综合效果。仿色打样人员应具有一定的配色理论知识，掌握打样的基本流程和工艺。

活性染料对纯棉织物来样打样，是根据塔式样卡中颜色的变化趋势，印花中用同种染料的不同颜色以一定比例进行混合、拼色。通过简单的实验了解仿色打样的基本知识，通过对色三角的认识，以及对来样的分析就能打出符合标准的样品。

一、单色样布来样打样

1. 单色样卡(如图3-1)

活性红单色样卡

活性黄单色样卡

活性蓝单色样卡

图3-1 三种单色样卡

2. 根据单色样色卡,初步确定印花配方(印花图案如图3-2)

图3-2 印花图案

配方初步为:

活性红	0.9%
海藻酸钠糊	60%
尿素	2%
小苏打	2%
水	Y
合成	100%

3. 印花操作

根据印花工艺,印出小样。

4. 对色

印花结束后,将染好的小样经水洗后烘干处理,与来样进行对色。为了保证对色结果的一致性,在视觉评定颜色时,必须在客户指定的光源下对色,避免因光源不标准或光源不同而造成视觉上的差异。标准灯箱应正确放置,使用时先将窗帘拉上隔离所有光源,将小样与来样并列在同位置对色,位置在箱子中间90度放置,对色距离随颜色深浅在0—25cm做适度调整,对色角度以不反光为原则,箱内不可多放其他布料,并保持滤镜玻璃光亮。标准灯箱先用UV光源检查布块是否带荧光。常用的标准光源有D65、TL84、CWF等,选用合适的对色角度:光源角度45度,视角0度。对色完成后,做好记录。确定来样打样是否成功。如不成功,则修改配方,重新进行来样打样。

二、双色样布来样打样

1. 双色样卡（如图3-3）

红黄双拼色样卡

红蓝双拼色样卡

黄蓝双拼色样卡

图3-3　三种双色样卡

2. 根据塔式样卡，初步确认印花配方（印花图案如图3-4）

图3-4　印花图案

配方初步为：活性红　　0.6%

　　　　　活性黄　　0.4%

　　　　　海藻酸钠糊　60%

　　　　　尿素　　　2%

　　　　　小苏打　　2%

　　　　　水　　　　Y

　　　　　合成　　　100%

3. 印花操作

根据印花工艺,染出小样。

4. 对色

印花结束后,将染好的小样经水洗后烘干处理,在标准灯箱下,与来样进行对色。确定来样打样是否成功。如不成功,则修改配方,重新进行来样打样。

如印花小样颜色淡,则修改配方时需要加成,例如蓝色加一成、红色加半成。

计算如下:活性蓝 $0.74\% \times 1.1 = 0.814\%$;活性红 $0.46\% \times 1.05 = 0.483\%$。

如印花小样颜色浓,则修改配方时,需要减成,例如蓝色减一成,红色减半成。

计算如下:活性蓝 $0.74\% \times 0.9 = 0.666\%$;活性红 $0.46\% \times 0.95 = 0.437\%$。

三、三色样布来样打样

1. 三色样布(如图3-5)

图3-5 三色样布

2. 根据塔式样卡,初步确认印花配方(印花图案如图3-6)

图3-6 印花图案

配方初步为:

活性红	0.18%
活性黄	0.02%
活性蓝	0.8%
海藻酸钠糊	60%
尿素	2%
小苏打	2%
水	Y
合成	100%

3. 印花操作

根据印花工艺,染出小样。

4. 对色

印花结束后,将染好的小样经水洗后烘干处理,在标准灯箱下,与来样进行对色。确定来样打样是否成功。如不成功,则修改配方,重新进行来样打样。

5. 样布收集(样本)

详见模块二项目三任务6。

 **课后思考题**

填空题

1. 印花后要进行烘干、汽蒸。其中：烘干作用为＿＿＿＿＿＿＿＿＿，汽蒸作用为＿＿＿＿＿＿＿＿。

2. 固色剂FD常在活性染料印花时代替碳酸氢钠，其作用是＿＿＿＿＿＿＿＿＿＿＿。

3. 防染印花是先印花后染色的印花方法，印浆中含有能破坏或阻止地色燃料上染的防染剂，分为＿＿＿＿＿＿＿＿＿印花和＿＿＿＿＿＿＿＿＿印花。

项目二　分散染料直接印涤纶织物打样

任务1 分散染料直接印花的基本步骤和计算

纤维制品的印花生产加工方法,根据印花方法的不同分为四大类:直接印花、拔染印花、防染印花、防印印花。相对于其他三种印花方法,直接印花由于工艺简单、成本低等特点,广泛用于各类织物的印花。

直接印花的基本步骤可表示为:织物准备→配制印花色浆→印花操作→汽蒸后烘干处理→整理贴样,具体操作步骤如下:

1. 织物:准备长约40cm,宽约5cm的纯棉,待用。

2. 海藻酸钠糊制备:海藻酸钠　　6%

　　　　　　　　　　水　　　　　X

　　　　　　　　　　合成　　　　100g

3. 配制印花色浆:根据染料浓度、糊料用量、尿素、硫酸铵用量配制印花色浆。

4. 印花操作:采用印花专用的筛网,把印花原糊导入筛网一边,然后用刮刀来回刮印一次即可。样布放到汽蒸箱,102℃—104℃汽蒸5min,拿出来水洗、皂洗、水洗、烘干即可。

5. 整理贴样:将印花后已经干燥的织物,裁剪成适合样式表格大小的整齐方形或花边方形,在裁好的方形反面边沿处涂抹固体胶或贴双面胶,粘贴在对应样卡上,写好配方。注意粘贴时,各浓度样织物纹路方向要一致。

课后思考题

一、单选题

1. 下列助剂中可用来做拔染剂的是(　　　)。

   A. 雕白粉　　　　　　　　　B. 氢氧化钠　　　　　　　　　C. 醋酸

2. 分散染料印纯涤织物时,不能用来调节 pH 值的助剂为(　　　)。

   A. 醋酸　　　　　　　　　　B. 碳酸钠　　　　　　　　　　C. 硫酸铵

二、简答题

分析分散染料一相法印花工艺流程、处方及条件。

任务2 分散染料直接印花单色样卡制作

一、实验目的

赋予织物有牢固性的单色,印出不同浓度的单色样卡,了解不同染料的提升力。

二、实验仪器

电子天平、玻璃仪器、汽蒸箱、烘箱和印花筛网刮刀。

三、药品和助剂

分散红母液(30g/L)、分散黄母液(30g/L)、分散蓝母液(30g/L)、尿素、小苏打、海藻酸钠糊和皂片。

四、印花工艺

1. 工艺流程。

织物准备→印花→固色→水洗→皂洗→水洗→烘干。

2. 工艺处方。

分散染料	X%(0.05%、0.1%、0.5%、1.0%、1.5%、2%)
海藻酸钠糊	60%
尿素	5%
硫酸铵	0.5%
水	Y
合成	100%(30g)

3. 工艺条件。

烘干	80℃/5min
汽蒸	180℃/5min

五、贴样参考（如表3-1）

表3-1 贴样参考

贴样	贴样	贴样
配方：分散红0.05%	配方：分散黄0.05%	配方：分散蓝0.05%
贴样	贴样	贴样
配方：分散红0.1%	配方：分散黄0.1%	配方：分散蓝0.1%
贴样	贴样	贴样
配方：分散红0.5%	配方：分散黄0.5%	配方：分散蓝0.5%
贴样	贴样	贴样
配方：分散红1.0%	配方：分散黄1.0%	配方：分散蓝1.0%
贴样	贴样	贴样
配方：分散红1.5%	配方：分散黄1.5%	配方：分散蓝1.5%
贴样	贴样	贴样
配方：分散红2%	配方：分散黄2%	配方：分散蓝2%
贴样	贴样	贴样

课后思考题

简答题

1. 分析涂料印花工艺。

(1)一般工艺流程。

(2)处方通常由哪几部分组成,作用如何?

(3)固着方法有哪几种?

2. 分析分散染料印花的一般工艺流程。

任务3　分散染料直接印花塔式样卡与拼色

一、实验目的

赋予织物有牢固性的各种颜色,塔式样卡的制作,了解颜色变化的趋势。

二、拼色

拼色是一项复杂、细致而又重要的工作。打样人员除了应具备色彩基本知识、敏锐的辨色能力外,还应掌握拼色基本原理、规则等,并需要不断积累打样素材及经验(见模块三项目一任务3)。

三、塔式样卡计算

详见模块二项目二任务3。

课后思考题

问答题

活性艳红 K-2BP	1%
尿素	2%
海藻酸钠糊	40%
防染盐 S	1%
小苏打	1.5%
水	适量
合计	100kg

计算染料和助剂的实际用量。

任务4 分散染料直接印花来样打样

来样打样,即仿色打样,是织物印花大生产前的先锋实验。其目的是通过小样实验,找出能够达到客户质量要求,并且质量稳定、经济性又好的最佳印花用料、印花工艺和印花配方,是作为大样投产时的工艺依据。实践证明,仿色小样的成功是大样印花成功的前提与保证。

来样打样过程须根据加工对象选择染料和助剂,制定合适的印花工艺,确定准确的印花配方。仿色打样是印染厂的基础性工作,直接关系到大生产的综合效果。仿色打样人员应具有一定的配色理论知识,掌握打样的基本流程和工艺。

分散染料对涤纶织物来样打样,是根据塔式样卡中颜色的变化趋势,印花中用同种染料的不同颜色以一定比例进行混合、拼色。通过简单的实验了解仿色打样的基本知识,通过对色三角的认识,以及对来样的分析就能打出符合标准的样品。

一、单色样布来样打样(同活性染料直接印花单色样布来样打样一样)

1. 单色样布准备。

2. 根据单色样色卡,初步确定印花配方。

3. 印花操作:根据印花工艺,染出小样。

4. 对色。

详见模块三项目一任务4。

课后思考题

问答题

试论述转移印花原理，并说明转移印花对染料的要求。

主要参考文献

[1]袁近.染色打样技能训练[M].上海:东华大学出版社,2012.

[2]董淑华.印染仿色[M].北京:中国纺织出版社,2014.

[3]杨秀稳.染色打样实训[M].北京:中国纺织出版社,2009.

[4]崔浩然.织物仿色打样实用技术[M].北京:中国纺织出版社,2010.

[5]丁文才,张冀鄂.染整实用仿色技术[M].上海:东华大学出版社,2011.

[6]赵涛.染整工艺学教程[M].北京:中国纺织出版社,2005.

[7]陈英.染整工艺实验教程[M].北京:中国纺织出版社,2009.

[8]刘国良.染整助剂应用测试[M].北京:中国纺织出版社,2005.

[9]王授伦.纺织品印花实用技术[M].北京:中国纺织出版社,2002.

[10]蔡苏英.染整技术实验[M].北京:中国纺织出版社,2009.

[11]屠天民.现代染整实验教程[M].北京:中国纺织出版社,2009.